整数と群・環・体

素数と数の認識論

河田直樹 著

現代数学社

まえがき

　本書『整数と群・環・体』は，月刊誌「理系への数学」（「現代数学」の旧ヴァージョン）に，「素数と数の認識論」というタイトルで，2011 年 4 月から 2012 年 7 月まで，15 回に亘って連載した記事をまとめたものである．第 15 章までには大きな訂正箇所はないが，第 16 章の「今後への指針と展望」は新たに書き加えた．大学初年級の学生の，これからの勉強の指針になれば，と思ったからである．

　「素数と数の認識論」とは，いささか大袈裟なタイトルであるが，本書の狙いは，実は「数論」そのものを展開することではなく，「整数のさまざまな性質が，どのように認識され，把握されるのか」を考えてみることで，そうした認識がごく自然に現代の抽象代数学のいわゆる「群・環・体」という概念に結び付いていくかを示してみることであった．その‘自然’を感じるには，とりあえずは‘整数の世界’が最も相応しいと私は考えているが，フェルマーの小定理やウィルソンの定理，あるいはオイラーの定理などが，抽象代数学のフィルターを通して，また別の姿を現してくれるにちがいない．

　大学に入学した理工系の学生は，必ずどこかで「群・環・体」という言葉を耳にする．ましてや，数学系や情報科学系の学生であれば，「抽象代数学」の言葉が至るところに登場してくる場面に遭遇することになるが，なぜこのような概念が生まれ，またなぜ必要になるのか，この問題は多くの学生には，案外分明でないのが現実なのではなかろうか．

　第 4 章で，私は，ジャン・とピアジェとロラン・ガルシアの共著『精神発生と科学史』からその一部を引用して「反省に基づく主題化」ということを述べておいたが，現代の抽象代数学に対するこのような視座を自分のものにしていただけたらと，願わずにはいられない．それは，数学に

i

おける思考のみならず，人間の思考一般を反省する大きな切っ掛けになるはずでもあるだろう．

　ともあれ，本書を通して，数論自体の面白さと同時に，整数の世界を認識するために人間精神，知性のうみ出した群・環・体という概念の，歴史的必然性，宿命性を感じていただけたら，幸甚である．

2017 年 2 月　　　著者識

目　次

第 1 章　素数に関する入試問題から ････････････････････････････････ *1*

　1. はじめに ･･･ *1*

　2. 自然数と素数 ･･ *4*

　3. 素数に関する問題 ･･ *8*

第 2 章　素数を拾う ･･ *15*

　1. その「数」は素数か？ ･･････････････････････････････････････ *15*

　2. 割り切れるか否かの指標 ････････････････････････････････････ *19*

　3. エラトステネスの篩 ･･ *23*

第 3 章　素数と合同式 ･･ *27*

　1. 最大の素数はあるか？ ･･････････････････････････････････････ *27*

　2. 再び，その「数」は素数か？ ････････････････････････････････ *31*

　3. ガウスの合同式 ･･ *34*

第 4 章　ウィルソンの定理と群 ････････････････････････････････････ *39*

　1. 証明のための準備 ･･ *39*

　2. ウィルソンの定理の証明 ････････････････････････････････････ *41*

　3. 反省に基づく主題化 ･･ *45*

　4. 群の定義 ･･･ *49*

第 5 章　剰余環 ･･ *51*

　1. 群から環へ ･･ *51*

　2. 剰余環 $\mathbb{Z}_6$ ･･ *54*

　3. 剰余環 $\mathbb{Z}_7$ と体 ･･･ *58*

第 6 章　剰余環から体へ ･･ *63*

　1. 剰余環 $\mathbb{Z}_n$ が体であるための条件 ････････････････････････････ *63*

　2. ウィルソンの定理の再証明 ･･････････････････････････････････ *67*

iii

3. オイラーの定理とフェルマーの小定理 *71*

第 7 章　位数と直積群 *75*

1. まず，観察してみる *75*

2. フェルマーの小定理の証明と位数 *77*

3. オイラーの定理 *79*

4. オイラーの関数と直積群 *81*

第 8 章　ベルトラン・チェビシェフの定理 *89*

1. 既約剰余類群とオイラーの関数 *89*

2. ベルトラン・チェビシェフの定理 $-n$ と $2n$ の間の素数 *93*

第 9 章　巡回群とラグランジュの定理 *103*

1. 巡回群について *103*

2. 部分群 *105*

3. 巡回群と生成系 *108*

4. 剰余類 *110*

第 10 章　準同型定理と有限巡回群 *117*

1. 巡回群の基本的性質 *117*

2. 準同型定理 *122*

3. 有限巡回群の特徴づけ *127*

第 11 章　いくつかの具体的問題 *131*

1. $x^4 + y^4 = z^4$ の解 *131*

2. 入試問題から *136*

3. ウィルソンの定理の別証明 *140*

第 12 章　カーマイケル数 *143*

1. フェルマー・テスト *143*

2. カーマイケル数の定義 *145*

3. カーマイケル数の特徴付け *148*

第 13 章　原始根と位数 ———————————— *155*

　1. 位数について ———————————————— *155*

　2. 完全シャッフルと位数 ———————————— *159*

　3. 原始根と位数 ———————————————— *161*

　4. $\mathbb{Z}_m$ における多項式と方程式 ———————— *163*

第 14 章　原始根の存在定理 ————————————— *167*

　1. 原始根の存在定理への 2 つの準備 ————— *167*

　2. 原始根の存在定理 ————————————— *170*

　3. $\mathbb{Z}_{101}$ の原始根 ———————————————— *173*

　4. 原始根の概念の拡張 ———————————— *176*

第 15 章　合成数と原始根 —————————————— *177*

　1. 合成数に対する原始根の定義 ——————— *177*

　2. 命題（P）の証明 ———————————————— *178*

　3. 命題（P）の逆の証明 —————————————— *181*

第 16 章　今後の指針と展望 ————————————— *189*

　1. イデアルについて —————————————— *189*

　2. Sylow の定理について ——————————— *194*

　3. 指針と展望 ———————————————————— *196*

あとがき ——————————————————————— *200*

参考文献 ——————————————————————— *202*

索　　引 ——————————————————————— *204*

v

第1章
素数に関する入試問題から

1. はじめに

　1995年，英国の42歳の数学者アンドリュー・ワイルズ（1953〜　）によって，一つの定理が証明された．言うまでもなく，n が3以上の自然数であるとき，
$$x^n + y^n = z^n$$
を満たす自然数 x, y, z は存在しない（だろう），といういわゆる「フェルマー予想（フェルマーの最終定理）」で，350年間以上も証明が与えられずにいた問題である．

　この定理に関連して，1998年の信州大学・理学部，経済学部では次のような問題が出題されている．

問題 1・1　「n を 2 より大きい自然数とするとき $x^n + y^n = z^n$ を満たす整数解 $x, y, z (xyz \neq 0)$ は存在しない」というのはフェルマーの最終定理として有名である．しかし多くの数学者の努力にもかかわらず一般に証明されていなかった．ところが1995年この定理の証明がワイルスの100ページを超える大論文と，テイラーとの共著論文により与えられた．当然 $x^3 + y^3 = z^3$ を満たす整数解 $x, y, z (xyz \neq 0)$ は存在しない．

　さて，ここでフェルマーの定理を知らないものとして，次を証明せよ．x, y, z を 0 でない整数とし，もし等式 $x^3 + y^3 = z^3$ が成立しているならば，x, y, z のうち少なくとも 1 つは 3 の倍数である．

この問題は「x, y, z がすべて 3 の倍数でない」と仮定して，矛盾を導けばいいだけの話で，‘合同式’を用いれば簡単に証明できる．

　「フェルマー予想」が証明されたことは，その意味するところが数学の素人にも理解できるという理由で，上のような大学入試問題のみならず，さまざまなメディアで取り上げられたが，1996 年にイギリス BBC テレビによって制作されたドキュメンタリー番組『ホライズン–フェルマーの最終定理』[1] は一際印象に残っている．

　また現在でも「フェルマーの最終定理」についての素人向けの多くの解説書が書店に並んでおり，それなりに読まれているようであるが，私自身，予備校の授業で好奇心の強い受験生からこの定理について何度か質問されたこともある．のみならず，最近では京大志望のある受験生から，2003 年にロシア人数学者グリゴリー・ペレルマンによって証明された「ポアンカレ予想」について「その予想っていったいどんなものなんですか？」という質問も受けた．

　ペレルマンは，数学のノーベル賞ともいうべき「フィールズ賞」の受賞を拒否したということで，数学愛好家や数学者の耳目を集めたが，そんなこともあってその受験生は「ポアンカレ予想」について質問をしてきたのだろう．

　もちろん，私は，よく分からない，とだけ答えたが，その受験生は畳み掛けるように「リーマン予想」についても臆することなく質問してきた．彼は「それは素数についての定理で，リーマンのゼータ関数の零点が必ず定直線上に並んでいるという予想なんですよね」と言葉を続けたが，私は「それはそうだが，世界の一流の天才たちが 100 年以上かけてなお解決できない問題で，私如き一介の予備校教師が簡単に云々できるものではない」と答えるほかはなかった．そして，当方も一応は数学教師の端くれ，「こうした問題について多少の知識はあっても，そうした‘大問題’に対する関心の持ち方を十分自覚しな

---

[1] これは 1998 年に，NHK で放映された．

いで，ちょっとした啓蒙書を読んで分かった気になるのは危険，つまり『生兵法は大怪我の基』，やはり何事であれ '分かる' には地道な '日々の手仕事' が必要だ，大学に入学して数学の専門的な訓練を受けてからあらためて考えてごらん」と，アドバイスした．

　前世紀末から今世紀初頭にかけて，「フェルマー予想」，「ポアンカレ予想」といった問題が解決され，残された未解決の有名問題は「リーマン予想」だけということになったためでもあるまいが，ここ数年，受験生や大学に入学した教え子たちから「リーマン予想」についての質問をときどき受ける．おそらく，こうした質問の背景には，NHK–BShi で放送された『ポアンカレ予想・100 年の格闘 ——数学者はキノコ狩りの夢を見る——』[2] や『リーマン予想・天才たちの 150 年の闘い——素数の魔力に囚われた人々——』[3] などの影響もあるのだろう．

　若者たちの，こういう畏れと危険とを知らぬ質問に接すると，皮肉ではなく，やはり若さというものはすばらしい，と素直な感歎を禁じえない．そして私には，こうした質問に即答する力はないが，しかしできるならば私の知識内で，なんとか彼等の質問に答えてやり，それが数論や数理哲学方面の専門書を読む切っ掛けとなれば，という気持ちは常々抱いている．

　幸いなことに，このたび「素数と数の認識」というテーマでこの連載をはじめさせて頂くことになったが，例の質問をしてきた**受験生や大学初年級の学生たちの顔を思い浮かべながら，この連載記事を書いていきたい**と思っている．そして，ごくやさしい素数や整数の話題からはじめて大学入試問題なども取り上げ，一方で私たちが「数の世界」をどのように認識してきたのかをなるべく具体的な問題を通して考えながら，最終的には彼等を「リーマン予想」のとば口まで案内

---

[2] 2007 年 10 月 1 日に放送．

[3] 2009 年 11 月 21 日放送．

できたら，と，いやこれは身の程を弁えぬドン・キホーテ的企てではあるが，ともかくそんなことも考えている．

2. 自然数と素数

　人類が「数[4]」という概念を我が物にするまで，一体どのくらいの時間を要したのであろうか．『科学の言葉 - 数』(岩波書店，トビヤス・ダンツィク著・河野伊三郎訳)には「数の発生はヴェールのような有史以前の無数の時代の奥に隠されていて到底窺い得ない．数の概念は経験から生れたか，それとも経験はただ原始人の脳裡に既に潜んでいたものを明るみに持ち出すのに役に立っただけなのか．これは形而上学の思弁には魅力のある題目であるが，…[5]」という記述が見られるが，「数」あるいは「数詞」の発生時期やその理由を特定することは，おそらく不可能であろう．

　アンリ・ポアンカレは「水源は不明でもやはり川は流れている」と語ったと言われているが，「数（＝自然数)」がいつ，どのようにして生れたきたか，またペアノの公理のようなその純論理的構成原理を知らないにしても，ともかく私たちの前には「1，2，3，…」という「数」が「在る」のは確かなことだと思われる．それは，小学生のとき「数」というものをはじめて教わって，何本かの机の上の鉛筆を見たり，テーブルの上の何個かの林檎を眺めて，その「数」が確かに在ると素朴に信じることができた時のことを思い起こせばいいだろう．「川は確かに流れている」のである．

　「数論」の面白さは，実はこの単純素朴な確信に依拠して考えていくことができるところであり，それゆえ数学の素人にも，多大の興味

---

[4] ここではひとまず，1，2，3，…という「自然数」のことだと理解しておけばよい．
[5] 7頁．

と関心とを喚起するのである．先ほど述べた「フェルマーの最終定理」への興味関心もその種のものであって，私たちは眼前の「川の流れ」を見て，あたかも「万葉の歌人」のようにごく素朴に「数の宇宙」を眺めることができるのである．

さて，私たちが 1, 2, 3, … という「数」を学ぶと，次には「数」と「数」との間に成り立つ様々な「関係」を学んでいく．例えば，「1 の次は 2」であるとか「2 の次は 3」であるとか，あるいは「5 は 2 と 3 の和」，また「5 は 3 より 2 大きい」とか，そういうたぐいのことである．また，小学 2〜3 年では「12 は 3 と 4 を掛けたもの」，「8 は 2 を 3 回掛けたもの」であるということを認識していき，さらに「24 を 7 で割ったときの商は 3 で余りは 3」であるといったことも学んでいく．

要するに，それは「数」の「順序関係や大小関係」そして「足し算, 引き算, 掛け算, 割り算」であるが，こうした数の関係や数同士の計算の実験，その実験結果の観察を通して，私たちはいろいろな「規則性，法則性」を発見していくのである．もちろん，その発見はある「観点，視点」を意識化したところに初めて浮かび上がってくる．

たとえば，1 から 31 までの数を 7 で割った「余り」を順番に調べると，それは

$$1, 2, 3, 4, 5, 6, 0$$

の「繰り返し」になるとか，「111 や 372」のように「各位の数字の和が 3 の倍数のときは常に 3 で割り切れる」とか，そのような規則性・法則性である．

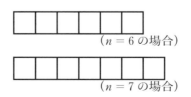

私は，学生時代に小学 3 年生の女の子の家庭教師をしたことがあるが，そのとき一辺の長さが 1 cm の厚紙で作った正方形の板（＝単位正方形）を 50 枚用意して，「ある特別な数」の特徴を把握させるために，ささやかな実験をしたことがある．それはその 50 枚の単位正方形の板を $n(1 \leqq n \leqq 50)$ 枚取り出し，それらを上図のように並べて，形の異なる長方形（合同な長方形は同じと見做す）が何通りできるかを考えさせる，というものである．

　単位正方形 1 枚では 1 通り，2 枚，3 枚でも 1 通り，4 枚では 2 通り，5 枚では 1 通り，6 枚では 2 通り，7 枚では 1 通り，8 枚，9 枚，10 枚では 2 通り，11 枚では 1 通り，12 枚では 3 通り…という具合になるわけだが，その少女はこの実験を嬉々としてやってくれた．

　言うまでもなく，これは「長方形が 1 通りしかできない数」，すなわち「素数」の発見のための実験であるが，その少女に「長方形が 1 通りしかできない 1, 2, 3, 5, 7, 11, …のような『数』の並び方にはどんな規則性があるかな」と尋ねると，しばらく考えて「分からない」と答えたが，「実は僕もよく分からないのだ」と私が言うと，実に不思議そうな顔をしていたのが，今でも忘れられない．

　さて，ここで「素数」について簡単に確認しておくが，「約数 (divisor)，倍数 (multiple)」あるいは「最大公約数，最小公倍数」といった，小学校以来馴染みのある言葉については，ここではことごとしく説明しないで既知としておく．

　　「**素数** (prime number)」とは，1 とその数自身のほかに約数
　　を持たない 2 以上の 自然数

のことで，「1」は素数とは考えないことには注意しておきたい．「1」は「数」というよりも，むしろ「数」を構成する「一者 (unit)」という認識を持っておいた方がいい．「1」は任意の数の約数であり，数論ではこれを「単数 (unit)」という．

　「素数」に対して，「1 より大きい整数で素数でないもの」を「**合成**

数 (composite number)」という．要するに，先ほどの「少女の実験」では「長方形が 2 つ以上できる数」のことであり，「どんな合成数も素数の積の形で表わされ，しかも掛ける素数の順番を無視すればただ 1 通りに表わすことができる」ことは，直感的には明らかであろう[6]．例を挙げれば

$$81 = 3^4, \quad 51 = 3 \times 17, \quad 540 = 2^2 \times 3^3 \times 5$$

のようになるが，合成数をこのような形で表わすことを「**素因数分解** (factorization)」という．

上で述べてきたように，「約数」あるいは「倍数」といった概念を用いて，「数」を「単数，素数，合成数」に分類[7]してみたことは，すでに私たちの「数の認識」の一つのあり方を示しているが，この他に「偶数，奇数」とか「3 で割った ' 余り '」に着目して数を分類するとか，あるいは「完全数，過剰数（豊数），不足数（輸数）[8]」などもそうした数の認識のあり方を示している．そして，そうした「数の認識」が「数論」を作り上げているのであるが，本書では，こうした「数の認識」自体を対象化して考えることも試みてみたい．

---

[6] 先ほども述べたように，本書では「万葉の歌人」のようにごく素朴な立場に立って「数」を考えていくので，このような命題の証明はとりあえずは避ける．興味のある方は拙著『整数の理論と演習』（現代数学社）を参照していただきたい．

[7] ' 分類 ' はある事物世界の ' 分節化 ' に他ならないが，実はこの行為自体に暗黙の ' 数概念 ' が懐胎されているというべきであろう．したがって，事物認識の根源には常に ' 数概念 ' が何らかの形で横たわっている．

[8] 自然数 a の正の約数の和を $S(a)$ としたとき，$S(a) = 2a$（a の正の約数の和が，a 以外の約数の和に等しい）が成り立つとき，a を完全数，$S(a) > 2a$ が成り立つとき過剰数 (abundant number)，$S(a) < 2a$ が成り立つとき不足数 (deficient number) という．

3. 素数に関する問題

　前節で,「素数」とはどのような数であるかを確認したが,この素数について,いったいどのようなことが問題になるのか,また私たちは素数のどのような性質を知りたいのか. たとえば

(1) その数が「素数」であることをどのようにして判断するのか?

(2) 合成数をどのようにして「素因数分解」するのか?

(3)「素数」は無限に存在するのか?

(4)「素数」を表わす一般的な数式は存在するのか?

(5) 自然数全体の中で「素数」はどの程度の割合で存在し,どのように分布しているのか?

といった疑問が直ぐに思い浮かぶ. いま思いつくままに挙げてみたのはごく素朴な疑問(素朴だからと言ってやさしいとは限らない)であるが,もちろんこのほかにも「3, 5 や 11, 13 などの双子の素数は無限組存在するか?」とか「6 より小さくないすべての偶数は 2 つの奇素数の和で表わされるか?(ゴールドバッハの予想問題)」といった古典的な未解決問題もあれば,そもそも「素数は何の役に立つのか?」といった疑問もあるだろう.

　さらに素数についての定理や未解決問題を知りたければ Richard K.Guy 著・一松信監訳『数論における未解決問題集』(Springer-Verlag)[9] や Chris K. Caldwell 編著・SOJIN 編訳『素数大百科』(共立出版)[10] などを参考にするとよい. 前者は日本では 1983 年に出た本

---

[9] 原題は Unsolved Problems in Number Theory.

[10] 'SOJIN' は東大基礎科学科の同期生によって作られたグループ名で,その名は素数にかけたしゃれということらしい. 漢字で「素人」と書きこれを'しろうと'ではなく'そじん'と読むことに由来する.

で少々古いが，後者は 2004 年に出た本で，素数に関する最新の話題や問題なども豊富である．

　ともあれ，こうした問題を考えていくには，やはりそれなりの専門家としての訓練が必要になるが，もちろん本書でこうした問題を直に議論することは考えていない．本書ではなるべく「具体的な問題」を取り上げ，とにかく「**実験してみる**」という姿勢で「数」と付き合っていきたい，と考えている．そして，問題を考えるにあたって必要になる道具は，その場その場で用意していきたいとも思っている．

　まずはじめに，ウォーミング・アップとして次の'3つ組素数'や'4つ組素数'の問題を考えてみよう．2005 年の一橋大学の入試問題である．「実験」がポイント．

問題1・2

(1) p, $2p+1$, $4p+1$ がいずれも素数であるような p をすべて求めよ．

(2) q, $2q+1$, $4q-1$, $6q-1$, $8q+1$ がいずれも素数であるような q をすべて求めよ．

[解説]

(1) 3 つの数がいずれも'素数'でなければならないので，言うまでもなく p 自身が素数でなければならない．そこで，とりあえず $p = 2, 3, 5, 7, 11, 13, 17\cdots$ として，具体的に調べてみよう．

　　　$p = 2$ のとき，$2p+1 = 5$（素数），$4p+1 = 9$（合成数）

　　　$p = 3$ のとき，$2p+1 = 7$（素数），$4p+1 = 13$（素数）

　　　$p = 5$ のとき，$2p+1 = 11$（素数），$4p+1 = 21$（合成数）

　　　$p = 7$ のとき，$2p+1 = 15$（合成数），$4p+1 = 29$（素数）

　　$p = 11$ のとき，$2p+1 = 23$（素数），$4p+1 = 45$（合成数）

　　$p = 13$ のとき，$2p+1 = 27$（合成数），$4p+1 = 53$（素数）

9

$p=17$ のとき, $2p+1=35$ (合成数), $4p+1=69$ (合成数)

ここまで調べてみると, 条件を満たす p は $p=3$ だけと言えそうであるが, もちろんこの実験だけから, そのように結論することはできない.

そこで, 素数 p を 3 で割ったときの余りに着目して考えてみよう. p を 3 で割った余りが 1 のとき, すなわち $p=3k+1$ $(k \in \mathbb{N})$ [11] のとき,

$$2p+1=2(3k+1)+1=3(2k+1) \text{ (合成数)}$$

となり, また p を 3 で割った余りが 2 のとき, すなわち $p=3k+2$ $(k \in \mathbb{N})$ のときは

$$4p+1=4(3k+2)+1=3(4k+3) \text{ (合成数)}$$

となり, p が 3 以外の場合は条件を満たさないことが分かる.

よって, 求める p は, $p=3$ ■

(2) この問題も q 自身が素数でなければならないのは明らかである. そこで, この場合もまず実験からはじめる. いま, 素数 q に対して, 4 つの数の組 $A(q)$ を

$$A(q)=(2q+1, \ 4q-1, \ 6q-1, \ 8q+1)$$

のように定めておく. すると

$$A(2)=(5, \ 7, \ 11, \ 17)$$
$$A(3)=(7, \ 11, \ 17, \ 25) \ (25 \text{ は合成数})$$
$$A(5)=(11, \ 19, \ 29, \ 41)$$
$$A(7)=(15, \ 27, \ 41, \ 57) \ (15, 27, 57 \text{ は合成数})$$

のようになり, この場合は $q=2, 5$ が条件に適する素数と言えそうである. そのためには, 5 より大きい任意の素数 q について,

$$A(q) \text{ が必ず合成数を含む}$$

---

[11] $\mathbb{N}$ は自然数の集合を表す.

ことを主張しておけばよい．そこで，今度は q を 5 で割ったときの余り（$= 1, 2, 3, 4$）に着目して調べてみる．以下のようになる．ただし，$k \in \mathbb{N}$ とする．

$$q = 5k + 1 \text{ ならば，} 6q - 1 = 6(5k+1) - 1 = 5(6k+1)$$
$$q = 5k + 2 \text{ ならば，} 2q + 1 = 2(5k+2) + 1 = 5(2k+1)$$
$$q = 5k + 3 \text{ ならば，} 8q + 1 = 8(5k+3) + 1 = 5(8k+5)$$
$$q = 5k + 4 \text{ ならば，} 4q - 1 = 4(5k+4) - 1 = 5(4k+3)$$

以上のことから，5 より大きい任意の素数 q に対して $A(q)$ は必ず合成数を含むことがわかった．

よって，求める q は，$q = 2, 5$　　　　　　　　　■

この問題で 3 つあるいは 4 つの数がいずれも「素数」になるかどうかを認識するのに，'余り（＝剰余）'に注目していることは大切な点で，いわゆる'合同式'を利用すれば，もっと簡単に，見通しよく調べることができる．合同式についてはいずれ簡単に触れるつもりである．

また，この上の問題を解決するにあたって，(1) では素数を

$$3k + 1, \quad 3k + 2 \quad (k \in \mathbb{N})$$

の 2 つのタイプに分類して考え，(2) では

$$5k + 1, \quad 5k + 2, \quad 5k + 3, \quad 5k + 4 \quad (k \in \mathbb{N})$$

の 4 タイプに分類して考えたが，一般に a と d が互いに素（a と d の最大公約数が 1）であるときは，

$$a + kd \quad (k \in \mathbb{N})$$

というタイプの素数が無限に存在する（ディリクレの素数定理）ことが知られている．さらに，2 以上の自然数に対して，n と $2n$ の間には必ず素数が存在することもよく知られているが，いずれこうした問題にも触れていきたいと思っている．

ところで，(2) のような 4 つの素数に対して '4 つ組素数'という言い方をしたが，実は本家本元の '4 つ組素数'というものが，以下の

ようにちゃんと定義してある．それは，連続する 4 つの素数の組で，最初と最後の項の差が 8 に等しいものである．たとえば

$$(5, 7, 11, 13), (11, 13, 17, 19),$$
$$(101, 103, 107, 109), (191, 193, 197, 199)$$

などで，「4 つ組素数」は無限個あることが予想されている [12] が，まだ証明されていない．

さて，問題 1・2 の類題として，06 年の京大・理系の問題を紹介してみよう．

問題1・3 2 以上の自然数 n に対し，n と n^2+2 がともに素数になるのは $n=3$ の場合に限ることを示せ．

[解説] n を 3 で割ったときの余りに着目して考えてもよいが，ここでは n を 6 で割ったとき余りに注目してみる．いうまでもなく，前問同様，n 自身は素数でなければならない．

$n=2$ のとき，$n^2+2=6$（合成数）

$n=3$ のとき，$n^2+2=11$（素数）

であり，5 以上の素数については

$$n = 6k \pm 1 \ (k \in \mathbb{N})$$

と表わせて，このとき

$$n^2+2 = (6k \pm 1)^2 + 2 = 3(12k^2 \pm 4k + 1)$$

（複号同順）

---

[12] 『素数大百科』238 頁．なお，同書によると Hardy と Littlewood が x より小さい 4 つ組素数の個数の近似式を

$$\frac{27}{2} \prod_{p \geq 5} \frac{p^3(p-4)}{(p-1)^4} \int_2^p \frac{dt}{(\log t)^4} \fallingdotseq 4.151180864 \int_2^x \frac{dt}{(\log t)^4}$$

で与えているという．ただし，$\prod_{p \geq 5}$ は 5 以上の素数 p についての積を表わす．

$x = 100000000$（1 億）より小さい 4 つ組素数の個数は 4768 であるが，上式の近似式では 4734 となる．

となり，これは合成数である．よって，$n = 3$ に限られ，題意は示された
ことになる．■

　本章では素数のごく素朴な問題を取り上げて考えてみたが，次章
からは「素数をどのようにして見つけるか（素数探索）」「余りと周期
性」「合同式とフェルマーの小定理」「整数論的関数」「素数と抽象代
数学」などについて，なるべく具体的な問題を考えながら「素数」を
手掛かりに「数論世界の階梯」を少しずつ登っていきたいと思って
いる．

第 2 章

素数を拾う

1. その「数」は素数か？

　私たちは，なぜ「素数」というものに特別な眼差しを向けるのだろうか．そのもっともらしい理由をここであれこれ詮索するのは止めるが，ともかく‘それ’は自然数の中の何か特別な存在，世界の最奥の秘密に通じるコード，もう少しロマンティックに言えば数の宇宙の聖なる神話を開く鍵，などと感じているからに違いない．実際，前章で述べた例の「少女の長方形」を考えてみても，それは「たった一つ」しか長方形ができない「一人ぼっちの数」であり，素数の物語はどこか「貴種流離譚」の趣きがある．

　さて，ある与えられた数が，「素数」であることを私たちは，どのようにして判断するのだろうか．あるいは，例えば 1 から 100 までの自然数の中にある素数を，どのようにして拾っていけばよいのであろうか．

　たとえば，「2011」という数を取り上げてみよう．これが「素数か否か」を，小学生ならばどのようにして判断するのであろうか．前章で紹介した「単位正方形」を 2011 枚用意（実際には大変な作業だが）して，例の「少女の長方形」を考えてみるのも一つの方法であろう．すなわち，縦と横の長さをそれぞれ a, b として，$a = 2$ のとき，下図のような長方形を作ることができるか？ もし，できなければ $a = 3$ のときはどうか，さらに，このときも駄目ならば，$a = 4$ のときはどうか，というように，以下同様の作業を続けていけばよい，ということになる．

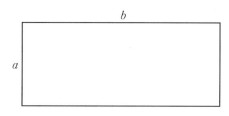

　このとき問題になるのは，上の作業をどこまで続けるのか，ということであろう．おそらく，小学生でも
$$a = 2, 3, 4, 5, 6, 7, \cdots\cdots, 2010$$
のように，2 から 2010 までの '2009 通り' のすべてについて一つ一つ調べてみる必要のないことは直ぐに気づく．そして，たとえば $a = 3, b = 7$ の長方形と $a = 7, b = 3$ の長方形とは，'縦のものを横にする' という操作によって重ねることができる，すなわち 2 つの長方形は合同なので，長方形の縦と横の長さに，大小関係を定めておいてもよいことに気づくだろう．そこで，私たちは
$$a \leq b$$
と定めておこう．すると，$2011 = ab$ を満たす自然数 a, b が存在したとすると
$$a^2 \leq ab = 2011 \quad \therefore\ a \leq \sqrt{2011} = 44.84\cdots$$
が成り立つ．もちろん，小学生には $\sqrt{2011}$ なんて数はよく理解できないだろうが，$2000 = 40 \times 50$ を手掛りにして
$$44 \times 45 = 1980, \quad 45 \times 46 = 2070$$
といった程度のことは発見できるだろう．ともかく，こうした考察から私たちは「2011」が素数か否かを判断するためには，
$$a = 2, 3, 4, \cdots, 44$$
の 43 個について調べておけばよいことが分かった．つまり，調べる a の値の個数がおよそ 50 分の 1 に減ったのである．

　次に考えてみたいことは，これら 43 個の a の値すべてについて調べておく必要があるのか？ という問題である．私はこのような問

題意識がなぜ生れるのか，ということ自体にも興味をもっているが，‘ぶっちゃけ[1]’た話，それは「楽をしたい」という気持ちのなせる業であろう．しかし，人間とはまことに不思議な‘イキモノ’でそのためにまた別の労苦を背負い込む．とすれば，単に「楽をしたい」がためにこのような問題意識が生れるわけではないだろう．では，「合理的でありたい」がためか？ しかし，それもまた違うような気がする．「理性的，合法則的なものをどこまでも追求していく根源の精神的エネルギーはかえってむしろ非合理なものである[2]」と述べたのは丸山真男であったが，確かに「合理」への情熱が必ずしも「合理的」であるとは限るまい．

閑話休題．2011 は $a = 2$ で割り切れないので，‘長方形’はできない．$a = 3$ のときは

$$2011 \div 3 = 670.333\cdots\cdots$$

となり，この時も駄目．次に $a = 4$ のときはどうか？ ともかく実際に割り算を実行してみると

$$2011 \div 4 = 502.75$$

となり，割り切れない．ここで，また一つの疑問が生れる．それは「実際に 4 で割って調べなければならないのか？」という問題である．いうまでもなく，ある数 N が 4 で割り切れれば，N は 2 でも割り切れる．なぜなら，N が 4 で割り切れるならば，$N = 4 \times n$（n は整数）と表わされ，さらに $4 = 2 \times 2$ ゆえ

$$N = 2 \times 2n$$

と書くことができるから，と一応は納得できる．

いま，整数 N が整数 a で割り切れることを

---

[1] 産経新聞編集委員大野敏明氏によると「『ぶっちゃけ』は『打ち明ける』と『ぶちまける』の合成語らしい」ということで，この二語が「合体して『ぶっちゃける』という下一段活用の動詞になり，そこから『る』を取って『ぶっちゃけ』になった」という．

[2] 『日本の思想』（岩波新書）116 頁．

$$a \mid N$$

と書く[3]ことにすると，上で述べたことは

$$4 \mid N \Longrightarrow 2 \mid N$$

ということに他ならない．そして，この命題の対偶をとれば

$$2 \nmid N \Longrightarrow 4 \nmid N$$

ということになり，$a = 4$ の場合については調べる必要がない，ということが分かる．この認識はきわめて基本的であるが，重要だ．この事実によって，N は 6 から 44 までのすべての偶数で割り切れないと判断でき，さらに 3 の倍数によっても割り切れないと分かるからである．以下，

$$2011 \div 5 = 40.22 \qquad 2011 \div 7 = 287.28\cdots$$
$$2011 \div 11 = 182.81\cdots \qquad 2011 \div 13 = 154.69\cdots$$
$$2011 \div 17 = 118.29\cdots \qquad 2011 \div 19 = 105.84\cdots$$
$$2011 \div 23 = 87.43\cdots \qquad 2011 \div 29 = 69.34\cdots$$
$$2011 \div 31 = 64.87\cdots \qquad 2011 \div 37 = 54.35\cdots$$
$$2011 \div 41 = 49.04\cdots \qquad 2011 \div 43 = 46.76\cdots$$

となって，結局 $a = 1$, $b = 2011$ の長方形しかできないので，

「2011」は素数

ということが分かる．

なお，上の考察からも分かるように一般に次のことが言える．定理としてまとめておこう．

---

[3] この記号は今後は断わりなしに用いるので，是非頭に入れておいてもらいたいが，この記号は大学入試問題にも登場したことがあり，平成 17 年九大・理学部数学科（後期）の問題文には，「一般に数列 a_1, a_2, a_3, $\cdots$ に対して，$\sum_{n \mid N} a_n$ は，N のすべての約数 n にわたる a_n の和を表わす」という説明が見られる．なお，整数 N が整数 a で割り切れないことを $a \nmid N$ と表わす．

第 2 章　素数を拾う

【定理 2·1】　自然数 N が $\sqrt{N}$ を超えない最大の素数とそれよ
り小さいすべての素数で割り切れなければ，N は素数である．

2.　割り切れるか否かの指標

　ところで，整数の四則計算を一通りマスターした小学生ならば，
「2011 が 3 で割り切れるか？」と問われたとき，その判断の論拠は
「2011 を実際に 3 で割ってみて，余りが出た」ということになるが，
小学の高学年や中学生になると，

$$2 + 0 + 1 + 1 = 4 \quad (2011 \text{ の各位の数字の和})$$

が 3 で割り切れないから，という事実をその論拠とする者が出てく
る．同様に，整数 N を十進法で表わした場合

(1)　N の末位 2 桁が 4 の倍数ならば，N は 4 で割り切れる

(2)　N の一の位が 0 または 5 ならば，N は 5 で割り切れる

(3)　N の末位 3 桁が 8 の倍数ならば，N は 8 で割り切れる

(4)　N の各位の数字の和が 9 の倍数ならば，N は 9 で割り切れる

(5)　N の末位から奇数番目の数字の和と偶数番目の数字の和の差が
　　　11 の倍数ならば，N は 11 で割り切れる

というような‘倍数早見法’を知るようになるが，これは，小中学
生にとっては革命的な‘認識方法’である．私自身これをはじめて
知ったときの驚きは今も忘れられないが，ともかく「実際に割り算を
しない！」で，「割り切れるか否かが判断ができる」のであるから，こ
れが便利でないはずはない．

　本書の読者の方々にとっては，上で述べた (1)〜(5) は，いまさ
ら証明するほどのこともないほとんど自明な命題であろうが，命題
(5) に関連した入試問題はかつて津田塾大や立教大で出題されたこ

19

とがある[4]. これを, 各位の数字が上から a, b, c, d, e である 5 桁の整数

$$N = a \times 10^4 + b \times 10^3 + c \times 10^2 + d \times 10 + e$$

について証明しておこう.

[**証明**]　証明のポイントは n が自然数のとき,

$$10^n - (-1)^n = \{10 - (-1)\}\{10^{n-1} + 10^{n-2}(-1) + \cdots$$
$$\cdots + 10(-1)^{n-2} + (-1)^{n-1}\}$$

が 11 で割り切れる, という事実である.

$$N = a \times 10^4 + b \times 10^3 + c \times 10^2 + d \times 10 + e$$
$$= (9999 + 1)a + (1001 - 1)b$$
$$+ (99 + 1)c + (11 - 1)d + e$$
$$= 11(909a + 91b + 9c + d) + (a + c + e) - (b + d)$$

したがって,

$$11 | (a + c + e) - (b + d) \Longrightarrow 11 | N$$

が成り立ち, 命題(5)が示されたことになる.　∎

　証明から分かるように, この命題の「逆」ももちろん成立するわけで, 結局

$$11 | (a + c + e) - (b + d) \Longleftrightarrow 11 | N$$

が言える. なお, この命題を用いると「2011」については

$$(0 + 1) - (2 + 1) = -2 \text{ が 11 で割り切れない}$$

ので, 11 では割り切れないと判断できる.

　上の 5 つの命題の中には '7' で割り切れるか否かの早見法がないので, 以下の問題を考えてみよう.

---

[4] 拙著『整数の理論と演習』198 ～ 199 頁を参照されたい.

20

第 2 章　素数を拾う

問題2·1　十進法で表わされた自然数 N を一の位から上位へ 3 桁ごとに区切る．このとき，奇数番目の区切り内の数の和から偶数番目の区切り内の数の和を引いた数が，7 で割り切れるならば，N も 7 で割り切れることを証明せよ．

証明に入る前に，証明すべき命題を正確に理解してもらうために具体例を述べよう．いま $N = 8641975237$ として，N を‘一の位から上位へ 3 桁ごと’に

$$(8) \ (641) \ (975) \ (237)$$

のように区切る．このとき，奇数番目の区切り内の数 (237)（1 番目の区切り）と (641)（3 番目目の区切り）の和は $237 + 641 = 878$ であり，偶数番目の区切り内の数 (975)（2 番目の区切り）と (8)（4 番目の区切り）の和は $975 + 8 = 983$ である．したがって，その差は $878 - 983 = -105$ であり，105 は 7 で割り切れるから，N も 7 で割り切れる，と判断されるというわけである．実際

$$8641975237 = 7 \times 1234567891$$

のようになっている．証明のポイントは，命題 (5) の証明と同じで，n が自然数のとき

$$\begin{aligned}
&(10^3)^n - (-1)^n \\
&= \{10^3 - (-1)\} \times (整数) = 1001 \times (整数) \\
&= 7 \times 11 \times 13 \times (整数) \qquad\qquad \cdots (*)
\end{aligned}$$

と変形できて，$(10^3)^n - (-1)^n$ が 7 で割り切れることである．

[**解説**]　自然数 N を，一の位から上位へ 3 桁ごとに区切ったとき，m 個の区分ができたとして，N が

$$(a_m b_m c_m)(a_{m-1} b_{m-1} c_{m-1}) \cdots\cdots (a_2 b_2 c_2)(a_1 b_1 c_1)$$

のように区分けされたとする．ただし，m 番目の区分については，

上の例のように (8) のときは，$(a_m b_m c_m) = (008)$ のように定めておくことにする．いま，各区分の 3 桁の整数に対して

$$[a_k b_k c_k] = a_k \times 10^2 + b_k \times 10 + c_k \quad (k = 1, 2, \cdots, m)$$

と定めておくと，

$$N = \sum_{k=1}^{m} [a_k b_k c_k] \times (10^3)^{k-1}$$

$$= \sum_{k=1}^{m} [a_k b_k c_k] \times \{(10^3)^{k-1} - (-1)^{k-1}\} + \sum_{k=1}^{m} [a_k b_k c_k] \times (-1)^{k-1}$$

と変形できて，(∗) より

$$\sum_{k=1}^{m} [a_k b_k c_k] \times \{(10^{3\,k-1}) - (-1)^{k-1}\}$$

は 7 で割り切れるから

$$7 \Big| \sum_{k=1}^{m} [a_k b_k c_k] \times (-1)^{k-1} \Longrightarrow 7 | N$$

が成り立ち，題意は示された． ■

言うまでもなく，(∗) と証明のプロセスから分かるように，[問題 2・1] の方法は N が「11」や「13」で割り切れるかどうかを判断するときにも利用できる．次の 09 年の東京工科大の問題では「7」の倍数か否かの早見法が利用できる．

問題2・2 2009 を 2 つの 2 桁の自然数の積で表わすと

$$2009 = xy \quad (x < y)$$

である．x, y を求めよ．

[**解説**] 「2009」を一の位から順に 3 桁ずつ区切ると，(2) (009) となり，$9 - 2 = 7$ であるから，2009 は 7 で割り切れる．実際に割り算を実行すると

$$2009 = 7 \times 287$$

を得て，287 は '28' も '7' も 7 で割り切れるので，287 も 7 で割り切れると直ちに了解できる．したがって

$$2009 = 7 \times 7 \times 41 = 41 \times 49$$

となり，$x < y$ および x, y が 2 桁の自然数であることより $x = 41, y = 49$ と分かる．なお，41 は素数であるから x, y はただ一通りに定まる． ■

3. エラトステネスの篩

これまでは，与えられたその数が素数かどうかをどのようにして判断すればよいか，を「2011」を例にとって考えてきたが，ではたとえば「1〜2011」までにある素数をすべて列挙するにはどうすればよいのであろうか？

これについては，これまでの考察を振り返ってみればその方法は直ぐに思いつくはずだ．まず，「1」は除外しておき，

(1) 除外した数のうちの最小数「2」を残して 2 の倍数 (4, 6, 8, 10, 12, ⋯) をすべて除去する

(2) 除外した数のうちの最小数「3」を残して 3 の倍数 (9, 15, 21, 27, 33, ⋯) をすべて除去する

(3) 除外した数のうちの最小数「5」を残して 5 の倍数 (25, 35, 55, 65, 85, ⋯) をすべて除去する

のように，数を倍数の「篩 (ふるい)」にかけて，いわゆる「合成数」をどんどん除去していけばよいのだ．問題はこの作業をどこまで続けるか，ということであるが，これもすでに述べてある．すなわち

$$ab \leqq 2011, \quad a \leqq b$$

を満たす最大の整数 a は 44 であったので，この 44 を超えない最大の素数まででよいことが分かる．言い換えれば，$[\sqrt{2011}] = [44, 844\cdots] = 44$ を超えない最大の素数まで調べればよい．ただし，[　] はガウス記

号で，実数 x に対して $[x]$ は，x を超えない最大の整数を表わす．

　上で述べてきた方法が「**エラトステネスの篩**(**The sieve of Eratosthenes**)[5]」と言われていることは，先刻ご承知であるかと思うが，大切なことは自分で実際にこの「篩」にかけて，あたかも「砂金」を選り分けるように，「素数」を見つけ出してみることだろう．

　紙面の都合で，「2〜2011」までにある素数をすべて書き上げることはできないのでここでは割愛するが，「2〜229」までにある 50 個の素数を書き上げると以下のようになる．

2	3	5	7	11	13	17	19	23	29
31	37	41	43	47	53	59	61	67	71
73	79	83	89	97	101	103	107	109	113
127	131	137	139	149	151	157	163	167	173
179	181	191	193	197	199	211	223	227	229

　なお，「2〜2009」までにある素数を知りたければ，たとえば芹沢正三氏[6]の『素数入門』(講談社ブルーバックス)に付された「2〜10007」までの素数表を参照していただければいいだろう．

　最近は，と言ってももう 20 年近くも前からであるが，パソコンを利用しても素数表を簡単に作成できて，私の利用している Vista 上で走らせている 'Mathematica 4.1' では，たとえば

```
Table[Prime[n],{n,1,100000}]
```

と入力すれば，1〜10 万[7]までに存在する素数を，数秒でデスプレイに表示してくれる．その他にも，「k 番目の素数表示」，「自然数 n の素因数分解」，「自然数 n が素数か否かの判定」，「自然数 n 以

---

[5]　Eratosthenes（B.C.276〜B.C.194）．

[6]　せりざわ・しょうぞう（1920〜）著書に『数論入門』『パソコン統計学入門』，翻訳書にヒルベルト／コーン＝フォッセン著『直観幾何学』ソーヤー著『現代数学への小道』など多数．

[7]　100 万までにすると途端にスピードダウンし，私のパソコンでは 15 分前後の時間を要する．

下の素数の個数表示」なども簡単に実行してくれる．まことに驚異的な電脳ツールであるが，芹沢氏は『素数入門』で大阪大学教授の山本芳彦氏の「実験数学」という言葉を取り上げ，これに関連して「新しい結果を予想して証明するなどはとても難しい．これを実行するには，たくさんの計算をしなければならない．ガウスは紙とエンピツでやったのだが，現代人には電卓やパソコンはもちろん，Mathematica や Maple なども必須であろう[8]」とお書きになっている．以って至言というべきで，私たちはこれらの電脳ツールによって，豊饒かつ肥沃な数多の「数理」の実例に，直接触れることが可能になったのである．

　最後に，エラトステネスについて少し述べておく．いま述べたように私たちは電脳ツール花盛りの時代に生きていて，「地球の周長がおよそ4万km である」ことを‘入学試験用の知識’として知ってはいるが，実際に地球の周長を測りもしないでどうしてそれが認識できたのか，と尋ねると案外これに答えることができない．実は，これにはじめて答えたのがエラトステネスである．

　エラトステネスは紀元前276年に古代ギリシアの植民市キュレネ (Cyrene)[9] で生れている．プトレマイオス朝エジプトが全盛のころで，30歳の頃プトレマイオス3世の息子の家庭教師，およびその蔵書が80万冊は下らないと言われたあの名高い図書館の館長として，首都アレクサンドリア市に移り住む．

　エラトステネスは，天文学者，数学者，地理学者，詩人，劇作家，年代記作家などとしてさまざまな分野で仕事をしているが，面白いことに彼のニックネームは「Beta」(ギリシア語アルファベットの2番目の文字)であったと言われている．つまり「超一流」ではなかったということだろうが，まあ，そんなことはどうでもよいだろう．その彼は「素数の発見法」のみならず，地球の周長を計算している．その方法はこうだ．

---

[8] 『素数入門』8頁.

[9] キュレネは現在のリビアにある地中海に面した都市.

エラトステネスは夏至の日にシエネ (Syene[10]) という町のある井戸に太陽光線が直進して，井戸の底を突き抜けて地球の中心に向かっていることを観察していた．つまり，地面に対して垂直な木立の影の長さは '0' ということだ．ちょうど同じ時，シエネからおおそ 5000 stadia（= 840 km）離れたアレクサンドリアの街に垂直に立った木立は地面に影を作る．木の高さと影の長さから図の角度（$y = 7.2°$）を知ることができる．太陽光線は地球に対して平行だと考えてよいので，

$$x = y = 7.2° = \frac{360°}{50}$$

と分かり，これよりこれより地球の周長は

$$840(\text{km}) \times 50 = 42000(\text{km})$$

と割り出したのである．

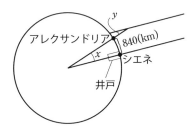

なお，エラトステネスは地球から太陽や月までの距離も計算しているが，この結果はまったく話にならなかったという．

晩年は体力も衰え，盲しいてしまい，一説によれば餓死したとも言われているが，彼の '篩' は今も健在なのである．エラトステネスは 21 世紀の我々とは異なり，「餓死何するものぞ」と考えていたに違いない．

---

[10] あのアスワンハイダムで有名なアスワンの古代名．アスワンはナイル川に面したほとんど北回帰線上にある都市である．

第3章
素数と合同式

1. 最大の素数はあるか？

　前章の後半では，素数をどのように拾い出していくか，というテーマに関連して「エラトステネスの篩」について考えた．よく知られているように，素数は無限個あり，これは背理法によって示される．実際，素数が有限個しかないとすると，当然最大の素数が存在し，いま素数を小さい順に並べたとき，これが n 番目の素数であるとしよう．すなわち

$$p_1 = 2, \quad p_2 = 3, \quad p_3 = 5, \quad p_4 = 7, \quad \cdots, \quad p_n = (\text{最大の素数})$$

とする．このとき，

$$P = p_1 p_2 p_3 p_4 \cdots p_n + 1 \quad \cdots (*)$$

という正の整数 P を考えてみよう．

　P 自身が'素数'ならば，素数は $p_1, p_2, p_3, p_4, \cdots, p_n$ しか存在しないので，P はこれらのいずれかと等しくなければならない．ところが

$$P > p_i \quad (i = 1, 2, 3, \cdots, n)$$

であるから，これは不合理である．したがって，P は合成数でなければならない．このときは，n 個の素数 $p_1, p_2, p_3, p_4, \cdots, p_n$ のいずれかで割り切れるはずであるが，いずれで割っても余りが 1 となり，この場合も不合理である．

　したがって，最大の素数は存在しない，と分かり，つまり「素数は無限個存在する」ということになる．以下，これを定理としてまとめておこう．

【定理 3・1】 素数は無限個存在する.

　この定理[1]は, いまの私たちにとっては何の変哲もない命題であるが, ユークリッドによるその巧みな証明のみならず, 実は「無限個存在する」という認識自体も,「有限・無限」という観点があってこそ初めて浮かび上がってくるもので, 驚くのほかはない. 我が身を振り返ると, 素数の何であるかを知っていたとしても, 小学・中学時代にこのような認識に自力で到達するのは, 到底不可能である.

　ところで, 素数を小さい順に並べたとき n 番目の素数を p_n とすると, これは一体どの程度の大きさなのであろうか. 以下, これについて考えてみよう.

　$F_n = 2^{2^n} + 1 \ (n = 0, 1, 2, 3, \cdots)$ をフェルマー数というが, フェルマーが「すべての非負整数 n に対して F_n が素数になる」と誤って予想したことはよく知られている[2]. このフェルマー数を用いると, p_n は

$$p_n \leqq F_{n-1} - 1 = 2^{2^{n-1}} - 1 \ (n = 1, 2, 3, 4, \cdots) \qquad \cdots\cdots①$$

のように評価できる. これは数学的帰納法により簡単に証明できる. n が 1 や 2 のときは①が正しいことは直ちに確認できるので, n を 2 以上のある自然数とし, n 以下のすべての自然数に対して, ①が成り立つとする. このとき, 定理 3・1 の証明から直ちに分かるように

$$p_{n+1} \leqq p_1 p_2 p_3 \cdots p_n + 1 \ (n \geqq 2)$$

であり[3], したがって

---

[1] これは Euclid の『原論』第 9 巻命題 20 の証明を踏襲したもの.

[2] $F_0 = 3$, $F_1 = 5$, $F_2 = 17$, $F_3 = 257$, $F_4 = 65537$ でこれらはすべて素数であるが, $F_5 = 641 \cdot 6700417$ となってこれは素数ではない.

[3] (∗) で定められた整数 P 自身が素数ならば, $p_{n+1} \leqq P$ であり, P が合成数ならば P を割り切るある素数 p が存在し, $p \neq p_i \ (i = 1, 2, \cdots, n)$ だから $p_i < p < P$ $(i = 1, 2, \cdots, n)$ で, したがって $p_{n+1} \leqq P$ が成り立つ.

$$p_{n+1} \leqq p_1 p_2 p_3 \cdots p_n + 1$$
$$\leqq 2^{2^0 + 2^1 + 2^2 + \cdots + 2^{n-1}} + 1$$
$$\leqq 2^{2^n - 1} + 1$$
$$\leqq 2 \cdot 2^{2^n - 1}$$
$$= 2^{2^n} = F_n - 1$$

この評価はかなり粗いが,「$x > 1$ のとき, x と $2x$ の間には必ず素数が存在する」という 'Tchebycheff の定理[4]' を用いると, 上の不等式よりも多少精密である

$$p_n < 2^n \ (n \geqq 2)$$

という不等式を得ることができる. 実際, 上のチェビシェフの定理を用いれば, 正の整数 n に対して

$$2^n < p < 2^{n+1} \qquad \cdots\cdots ②$$

を満たす素数 p が存在するので, $p_{n+1} \leqq p$ に注意すると

$$p_n < 2^n < p_{n+1} \leqq p < 2^{n+1} \qquad \therefore \ p_{n+1} < 2^{n+1}$$

を得るので, 数学的帰納法により不等式②が示されたことになる. この結果, 1 から 2^n までの自然数の中には, 少なくとも n 個以上の素数が存在することが分かり, 言わば素数の存在濃度へのかすかな曙光が見えたことになる.

さらに, (＊) に関連した面白い話を紹介しておこう. いま素数 p に対して, p 以下の素数をすべて掛け合わせて作った数を $p^!$ と書くことにする. そして (＊) と同じ形をした正の整数 $p^! + 1$ を考えてみよう. たとえば, $p = 2, 3, 5, 7, 11$ の場合は以下のようになる.

---

[4] この定理をはじめて予想したのは, 23 歳の Joseph Bertrand (1822 ～ 1900) で, 彼は 300 万以下の自然数 n に対して 2^n と 2^{n+1} の間に必ず 1 つは素数が存在することを確認している. たとえば, $2^1 < 3 < 2^2$, $2^2 < 7 < 2^3$, $2^3 < 13 < 2^4$, $2^4 < 23 < 2^5$, $2^5 < 43 < 2^6$ のようになり, ごく素朴な実験から定理の主張はほとんど自明と言ってもよい. しかしベルトラン自身はこの定理を証明することが出来なかった. 実は, この証明は随分と難しいものなのである.

$$2^! + 1 = 2 + 1 = 3$$
$$3^! + 1 = 2 \cdot 3 + 1 = 7$$
$$5^! + 1 = 2 \cdot 3 \cdot 5 + 1 = 31$$
$$7^! + 1 = 2 \cdot 3 \cdot 5 \cdot 7 + 1 = 211$$
$$11^! + 1 = 2 \cdot 3 \cdot 5 \cdot 7 \cdot 11 + 1 = 2311$$

ここまで計算してみると，これらはすべて素数になっている．以下同様に，素数 p に対して

$$p^! + 1 \text{ は素数である}$$

と結論したくなるが，Mathematica で計算すると，実は，

$$13^! + 1 = 2 \cdot 3 \cdot 5 \cdot 7 \cdot 11 \cdot 13 + 1 = 59 \cdot 509$$

のように素因数分解され，$13^! + 1$ は合成数である．以下，同様に調べてみると

$$17^! + 1 = 2 \cdot 3 \cdot 5 \cdot 7 \cdot 11 \cdot 13 \cdot 17 + 1 = 19 \cdot 97 \cdot 277$$
$$19^! + 1 = 2 \cdot 3 \cdot 5 \cdot 7 \cdot 11 \cdot 13 \cdot 17 \cdot 19 + 1$$
$$= 347 \cdot 27953$$
$$23^! + 1 = 2 \cdot 3 \cdot 5 \cdot 7 \cdot 11 \cdot 13 \cdot 17 \cdot 19 \cdot 23 + 1$$
$$= 317 \cdot 703763$$
$$29^! + 1 = 2 \cdot 3 \cdot 5 \cdot 7 \cdot 11 \cdot 13 \cdot 17 \cdot 19 \cdot 23 \cdot 29 + 1$$
$$= 331 \cdot 571 \cdot 34231$$

のようになって，これらはすべて合成数である．そして，

$$31^! + 1 = 2 \cdot 3 \cdot 5 \cdot 7 \cdot 11 \cdot 13 \cdot 17 \cdot 19 \cdot 23 \cdot 29 \cdot 31 + 1$$
$$= 200560490131$$

となって $p = 31$ のときは素数と分かり，以下

$$37^! + 1 = 181 \cdot 60611 \cdot 676421$$
$$41^! + 1 = 61 \cdot 450451 \cdot 11072701$$

であり，これらはすべて合成数である．

このように具体的に調べていくと，ここで 1 つの問題が生れてくる．それは，

$$p^! + 1 \text{ が素数}$$

となる素数 p は無限個存在するのか，それとも高々有限個しか存在しないのか，そして有限個しか存在しないとすれば，そのときの素数 p の値はいかなるものか，という問題である．

実は，これまた驚くべきことであるが，今から 10 年前の 2001 年の段階では，$p! + 1$ が素数になる素数 p は，22 個しか見つかっておらず，それらは

$$p = 2, 3, 5, 7, 11, 31, 379, 1019, 1021, 2657, 3229$$

であり，最後の 22 番目は $p = 392113$ であるという[5]．ともあれ，現在のところこの問題は未解決であるが，定理 3・1 の証明に登場した（∗）で定められる数を具体的に考えてみただけで，上のような未解決問題に遭遇するのであるから，あらためて「数論」の奥の深さと恐ろしさとを感じる．

2.　再び，その「数」は素数か？

前節の後半では，素数 p に対して，$p! + 1$ という数を定義し，これについて少し考えてみたが，本節では p の肩に乗っかている「!」を引き摺り降ろした $p! + 1$ という形の整数について考察してみたい．いま，2 以上の整数 n に対して

$$E(n) = (n-1)! + 1$$

と定めよう．これは 'ユークリッド数' とも言われるもので，さらにこのユークリッド数を n で割った余りを

$$W(n)$$

と記すことにする．これは 'ウィルソン数' と呼ばれるものだが，数論の初歩を勉強されたことのある読者は，筆者がこれからどのような話を展開しようとしているかはすでにお見通しのことであろう．が，先を急がずに，ともかく，ユークリッド数とウィルソン数とを

---

[5]　David M. Burton 著『Elementary Number Theory』（McGRAW・HILL）47 頁．

具体的に調べてみよう．以下のようになる．

$$E(2) = 1! + 1 = 1 + 1 = 2, \quad W(2) = 0$$

$$E(3) = 2! + 1 = 2 + 1 = 3, \quad W(3) = 0$$

$$E(4) = 3! + 1 = 6 + 1 = 7, \quad W(4) = 3$$

$$E(5) = 4! + 1 = 24 + 1 = 25, \quad W(5) = 0$$

$$E(6) = 5! + 1 = 120 + 1 = 121, \quad W(6) = 1$$

$$E(7) = 6! + 1 = 720 + 1 = 721, \quad W(7) = 0$$

$$E(8) = 7! + 1 = 5040 + 1 = 5041, \quad W(8) = 1$$

$$E(9) = 8! + 1 = 40320 + 1 = 40321, \quad W(9) = 1$$

$$E(10) = 9! + 1 = 362880 + 1 = 362881, \quad W(10) = 1$$

$$E(11) = 10! + 1 = 3628800 + 1 = 3628801, \quad W(11) = 0$$

$$E(12) = 11! + 1 = 39916800 + 1 = 39916801, \quad W(12) = 1$$

$$E(13) = 12! + 1 = 479001600 + 1 = 479001601, \quad W(13) = 0$$

さらに $n = 14, 15, 16, 17, 18, 19$ について紙幅の関係上，結果だけを記すと以下のようになる．

$$E(14) = 13! + 1 = 6227020801, \quad W(14) = 1$$

$$E(15) = 14! + 1 = 87178291201, \quad W(15) = 1$$

$$E(16) = 15! + 1 = 1307674368001, \quad W(16) = 1$$

$$E(17) = 16! + 1 = 20922789888001, \quad W(17) = 0$$

$$E(18) = 17! + 1 = 355687428096001, \quad W(18) = 1$$

$$E(19) = 18! + 1 = 6402373705728001, \quad W(19) = 0$$

n の値が 20 程度でも $E(n)$ は通常人には想像もできないような巨大な数になるが，ともかく $W(n)$ の値に着目すると，ある事実が浮かび上がってくる．それは

$$n \text{ が素数} \iff W(n) = 0$$

という関係が成り立つだろう，ということだ．実際，これは正しい命題で，$W(n) = 0$ が，n が素数であるための必要条件であることを初めて証明したのは Leipniz（1646〜1716）であり，またこの条件が十分でもあることを示したのは，Larange（1736〜1813）である．

第3章　素数と合同式

実用的な定理とは言い難いが，この定理も「その『数』が素数か？」という問いに対する一つの答えである．すなわち前章で述べた「定理2・1」および「エラトステネスの篩」とは別の判定法[6]ということだが，これは**ウィルソンの定理**[7]といわれている．

John Wilson(1741〜1793)は，英国の数学者 Edward Waring(1734〜1798)の教え子で，ウィルソンは具体的な計算によってこの事実を発見，予想し，師の Waring に報告した，という．正に「実験数学」によって発見された定理の典型例であるが，残念なことに二人ともこの定理の証明ができなかったという．ともあれ，これを定理としてまとめておこう．

【定理3・2】　p が素数であるための必要十分条件は
$$p \mid (p-1)!+1 \quad ((p-1)!+1 \text{ が } p \text{ で割り切れる})$$
が成り立つことである[8]．

この定理の証明には合同式を用いる方法や'整数環'$\mathbb{Z}_p$[9]を利用した方法などがあるが，私たちの当面の目標はこの定理の証明で，以下しばらく，そのために必要ないくつかの道具と概念とを用意していく．

---

[6]　「素数判定法」については，少し古い本だが，和田秀男著『数の世界 —— 整数論への道』(岩波書店)の第9章でいくつか紹介してある．

[7]　この定理の初等的な証明については拙著『整数の理論と演習』(現代数学社)の61頁を参照されたい．

[8]　正確に述べれば，ウィルソンの定理とは「p が素数ならば，$(p-1)!+1$ は p で割り切れる」というものである．

[9]　'環 (ring)'という代数的構造についてはいずれ詳しく説明する．

3. ガウスの合同式

前節で導入したウィルソン数 $W(n)$ を求めるためには，ユークリッド数 $E(n)$ を実際に計算し，実際に割り算を実行する他はないのであろうか？ そのようにしてしか $W(n)$ は認識されないのであろうか？ 実は，あの Gauss (1777～1855) が導入した「**合同式 (cogruent expression)**」を用いれば，比較的簡単に計算することができる．

「合同式」については，本書の大部分の読者はすでに十分な知識をお持ちで，ここでわざわざ説明するまでもないかと思うが，読者の中には，中高生や受験生，そして数学は好きだが余り得意ではない教養課程の大学生もおられるであろうから，基本的なことだけ説明しておく．

「合同式」は，整数の世界（$= \mathbb{Z}$）をある自然数で割ったときの余りによって分類し，その分類から生じる「類」同士の足し算，引き算，掛け算等を考えていくときに役に立つものである．一般に，私たちが世界の「物事[10]」を認識していく際には，まずその「物事」をある視点，ある観点から「分節（腑分け）」することからはじめるが，整数世界をたとえば '7' で割ったときの余りに注目して「分節」していこうというわけである．

いま a, b を整数とし，m を正の整数としよう．このとき，

$$(a \text{ を } m \text{ で割った余り}) = (b \text{ を } m \text{ で割った余り})$$
$$\Longleftrightarrow \quad m \mid (a - b)$$
$$\Longleftrightarrow \quad a = b + km \quad (\exists k \in \mathbb{Z})$$

---

[10] 「物」や「事」自体について考えてみたい人には，長谷川三千子著『日本語の哲学へ』（ちくま新書）を薦めておきたい．この本は，ハイデッガーの研究家であった三千子氏の '主人' 長谷川西涯へのレクイエムの第一段とも言える著作で，三千子氏自身この本のあとがきで「たぶん主人は笑つて，『かあちやんのやりたいやうにしなさい』と言つてくれるのではないかと思つてゐる」と記されている．

が成り立つとき，またこのときに限って，

$$a \text{ と } b \text{ は } m \text{ を法にして合同である}$$

という．英語では 'a is congruent[11] to b module m' というが，要するに「整数 a と整数 b とはある視点から見れば同じ仲間，つまり'同類' だ」と言っているだけの話である．そして，このことを

$$a \equiv b \pmod{m}$$

と記す．ここで，うるさいことを言えば,「余りの定義」といったことが問題になるが，小学生のときに学んだように，いまはごく常識的に考えて，その余りは

$$0, 1, 2, \cdots, m-1$$

のいずれかであるとしておけばよい．したがって，異なる類（仲間）は全部で m 個あるということになる．

a, b, c, d を整数とし，m を正の整数としよう．このとき,「合同関係 ($\equiv$)」が，まず次の 3 つの性質，すなわち**反射律** (Reflexive Property)，**対称律** (Symmetric Property)，**推移律** (Transitive Property) を満たすことが分かる．

(1) 反射律；$a \equiv a \pmod{m}$

(2) 対称律；$a \equiv b \pmod{m}$ ならば $b \equiv a \pmod{m}$

(3) 推移律；$a \equiv b \pmod{m}$, $b \equiv c \pmod{m}$ ならば $a \equiv c \pmod{m}$

これは合同式の定義にかえればほとんど自明であるが，ある関係 (relation) が与えられたとき，その関係がこの 3 つの性質を満たすとき，これを**同値関係** (equivalance relation) という．これは人間が物事を認識するときの暗黙知と言ってもよいが，同値関係という概念

---

[11] congruent とは言うまでもなく，もともとは「符合する，一致する，調和する」といった意味で，数学的には「相同，合同」を意味する．

を十分自覚しておくことは，特に数学においては重要[12]である．

また，通常の「整数の世界」における「等式」と同様に，その合同式の両辺に「合同な数を加えても，引いても，また掛けても，やはりその合同関係は成立する」ということが言える．すなわち

(4) $a \equiv b \pmod{m}$ かつ $c \equiv d \pmod{m}$

$$ならば a+c \equiv b+d \pmod{m}$$

(5) $a \equiv b \pmod{m}$ かつ $c \equiv d \pmod{m}$

$$ならば a-c \equiv b-d \pmod{m}$$

(6) $a \equiv b \pmod{m}$ かつ $c \equiv d \pmod{m}$

$$ならば ac \equiv bd \pmod{m}$$

が成り立つ．いずれも，定義にかえれば自明であろうが，たとえば

$$(a+c)-(b+d)=(a-b)+(c-d)$$

であり，仮定から $m \mid a-b$ かつ $m \mid c-d$ であるから，$m \mid (a+c)-(b+d)$ すなわち (4) が成り立つことが分かり，また (6) についても

$$ac-bd=(a-b)c+bc-bd=(a-b)c+b(c-d)$$

であるから，(4) と同様の理由で $m \mid ac-bd$ が成り立つことが納得で

---

[12] ある集合に同値関係が定義された場合，私たちは知らず知らずのうちに，実は「この関係によって分類整理された新しい世界」を見ている．たとえば，座標平面上のあちこちにある矢印（有向線分）の集合に，「平行移動によって重ねることができる2つの矢印は‘オナジ’」という関係を定義した場合，この‘オナジ’という関係は同値関係であり，この同値関係によって「あちこちにある矢印の集合」を分類整理して得られる世界こそが，いわゆる「平面ベクトル」の世界なのである．したがって，ベクトルは元来「その矢印の位置には依存しない概念」であるが，これを十分自覚している高校生や受験生は多くはない．ベクトルは，座標平面上のあちこちにある個々の有向線分そのものではなく，この同値関係によって浮き彫りにされる新たな個物，それが「平面ベクトル」なのである．ここでは同値関係のほんの一端について述べたが，「集合の同値関係による分類整理（これを「分数世界」とのアナロジーで，同値関係による**商集合** (quotient set) という）」という考え方は，実は数学では至る所に登場する．なお，当たり前のことであるが，数学において登場する関係がすべて同値関係であるわけではない．たとえば，平面上の2直線が‘垂直である’という関係は，対称律しか満たさないので，これは同値関係ではない．

36

きる.

この合同式を用いると,たとえば $W(7)$ は次のように計算できる.

$$2 \cdot 4 \equiv 1 \pmod 7$$
$$3 \cdot 5 \equiv 1 \pmod 7$$
$$6 \equiv -1 \pmod 7$$

であるから,これらを辺々掛け合わせると

$$6! \equiv -1 \pmod 7$$

したがって,

$$6! + 1 \equiv -1 + 1 \equiv 0 \pmod 7$$

となり,これより $W(7) = 0$ が得られる.

また,$W(19)$ は次のように計算することができる.すなわち

$$2 \cdot 9 \equiv -1 \pmod{19}$$
$$3 \cdot 6 \equiv -1 \pmod{19}$$
$$4 \cdot 5 \equiv 1 \pmod{19}$$
$$7 \cdot 8 \equiv -1 \pmod{19}$$

であるから,$9! \equiv -1 \pmod{19}$ であり,したがって $\bmod 19$ で

$$10 \equiv -9,\ 11 \equiv -8,\ 12 \equiv -7,\ \cdots,\ 17 \equiv -2$$

が成り立つことに注意すると

$$17! \equiv 9!(-9)(-8)(-7)\cdots(-2)$$
$$\equiv (9!)^2 \equiv (-1)^2 \equiv 1 \pmod{19}$$

がいえる.すなわち,$17! \equiv 1 \pmod{19}$ と分かって,この式の両辺に 18 を掛けると

$$18! \equiv 18 \equiv -1 \pmod{19}$$
$$\therefore\ 18! + 1 \equiv 0 \pmod{19}$$

よって,$W(19) = 0$ が得られる.

合同式を用いると,$W(n)$ の計算が格段に楽になることが納得できるかと思うが,前章で紹介した「倍数早見法」の論拠も簡単に説明できる.すなわち $10 \equiv 1 \pmod 9$ であるから

$$10^k \equiv 1 \pmod 9 \ (k = 0, 1, 2, \cdots)$$

が成り立ち，たとえば5桁の整数
$$N = a \times 10^4 + b \times 10^3 + c \times 10^2 + d \times 10 + e$$
については
$$N \equiv a + b + c + d + e \pmod 9$$
が成り立つので，
$$9 \,|\, N \Longleftrightarrow 9 \,|\, a + b + c + d + e$$
がいえる．さらに $10 \equiv (-1) \pmod{11}$ であるから
$$10^k \equiv (-1)^k \pmod{11} \ (k = 0, 1, 2, \cdots)$$
が成り立ち，上で定めた N に対しては
$$N \equiv a - b + c - d + e \pmod{11}$$
が成り立つので，「N の末位から奇数番目の数字の和と偶数番目の数字の差が11で割り切れるならば，N は11で割り切れる」ことも簡単納得できる．

最後に，2008 年の東大・理科でも出題された**レピュニット数**
$$R_n = \frac{10^n - 1}{9} = \overset{n}{\overbrace{111\cdots\cdots111}}$$
の中の素数（repunit primes）について，未解決の問題を紹介しておこう．レピュニット数列 $R_{n\{n \geq 1\}}$ に現れる素数はきわめて稀であり，2007 年現在で
$$R_2, \ R_{19}, \ R_{23}, \ R_{317}, \ R_{1031},$$
$$R_{49081}, \ R_{86453}, \ R_{109297}, \ R_{270343}$$
の9個しか知られていない [13] が，このようなレピュニット素数が無限個あるのか，それとも有限個なのかは未だ分かっていない．また，「R_n が素数」のとき，一体 n はどんな値なのか？上の9個の例から分かるように，n が素数でなければならないと予想できるが，それはもちろん十分条件ではない．ともあれ，こんな身近な世界にも未解決の問題がころがっているのである．

次章では，ウィルソンの定理の証明を考えていく．

---

[13] David M.Burton 著『Elementary　Number Theory』49 頁.

第4章
ウィルソンの定理と群

1. 証明のための準備

前章では,「その数が素数か？」という判定法に関連して,
$$p \text{ が素数} \Longrightarrow (p-1)! \equiv -1 \pmod{p}$$
が成り立つという「ウィルソンの定理」を紹介し，その証明のために合同式について解説しておいた．

本章は，合同式を用いたそのウィルソンの定理の証明を考えてみる．$p = 2, 3$ のときは，明らかに成り立つので，ここでは p を5以上の素数としておく．この素数 p に対して，正の整数の集合 A を
$$A = \{1, 2, 3, \cdots, p-1\}$$
と定める．

このとき，ウィルソンの定理の証明の準備として，次の定理が成り立つことをまず証明しておこう．

> 【定理4·1】 a を集合 A の任意の要素とすると，
> $$ax \equiv 1 \pmod{p} \qquad \cdots\cdots ①$$
> を満たす x が A の中に唯一つ存在する．

［証明］ 合同式①は
$$ax - 1 = pq \Longleftrightarrow ax = pq + 1 \ (q \in \mathbb{Z}) \qquad \cdots\cdots ②$$
と同値な条件であるから，②を満たす $x \in A$ が存在し，それが

唯一つであることを示しておけばよい. そのためには, ともかく $x = 1, 2, \cdots, p-1$ として, ax を p で割ったときの余りをすべて調べてみればよい, ということになるわけだが, 具体的に計算して余りが 1 になる x を直接割り出すことができないところが, 難しい点である.

そこで, 高校の授業では余り触れられてこなかった**新しい認識方法を考えなければならない**. 私たちは, **個々の余りを追求するのではなく, '余り全体の作る集合' に着目する**のである. いま ax ($x = 1, 2, \cdots, p-1$) を p で割ったときの商を q_x, 余りを r_x としておこう. すなわち

$$ax = pq_x + r_x \quad (x = 1, 2, \cdots, p-1)$$

とする. このとき, a と p は互いに素, すなわち $\gcd(a, p) = 1$ [1] であるから, $r_x \neq 0$ で, しかも

$$i \neq j \Longrightarrow r_i \neq r_j$$

が成り立つ. 実際, $1 \leq i < j \leq p-1$ かつ $r_i = r_j$ とすると

$$ai - pq_i = aj - pq_j \Longleftrightarrow a(j-i) \equiv 0 \pmod{p}$$

となり, $\gcd(a, p) = 1$, $1 \leq j - i \leq p-2$ であるから, これは不合理である.

したがって, $r_1, r_2, \cdots, r_{p-1}$ はすべて互いに異なり, これら $p-1$ 個の整数はすべて 1 以上 $p-1$ 以下だから, 余り全体の集合について

$$\{r_1, r_2, \cdots, r_{p-1}\} = \{1, 2, \cdots, p-1\}$$

が成り立つ. よって, $r_k = 1$ となる $k \in A$ が唯一つ存在し,

---

[1] 一般に $\gcd(a, b)$ は, a と b の最大公約数 (greatest common divisor) を表わす. a と b が互いに素 (relatively prime) であるとは, a と b の最大公約数が 1 であることに他ならない. なお, この記号は, 2006 年の横浜市立大学・医学部の入試問題にも補足説明付だが登場している.

$$ak = pq_k + 1$$

となって，定理は示されたことになる． ■

上で述べた議論は数論ではしばしば用いられる手法であるから，是非頭入れておきたい．さらに，上の解説の背景には「1次不定方程式」や「合同式の解法」の話があるが，大切なことを以下に簡単にまとめておく．

【定理4·2】 $\gcd(a, b) = c$ のとき，2元1次不定方程式
$$ac + by = c$$
を満たす整数 x, y は必ず存在する．

証明[2] はここでは割愛するが，特に重要なのはこの定理で $c = 1$ とした場合，すなわち $\gcd(a, b) = 1$ のとき
$$ax + by = 1$$
を満たす整数 x, y が存在するという事実で，さらにこれは
$$ax + by = 1 \quad (a \in \mathbb{Z}, \ b \in \mathbb{Z})$$
が整数解をもつための必要十分条件は $\gcd(a, b) = 1$ である，という命題に発展していく．これは大学入試問題にもときどき登場する内容だが，この命題を合同式を使って述べると，$\gcd(a, b) = 1$ ならば
$$ax \equiv 1 \pmod{b}$$
が‘合同の意味’で唯一一つの解をもつということにほかならない．

2. ウィルソンの定理の証明

さて，いよいよウィルソンの定理を証明する．前節の定理4·1で

---

[2] 拙著『整数の理論と演習』（現代数学社）20頁を参照するとよい．

考えた①において $x = a$ のとき，以下のことが言える．すなわち

$$a^2 \equiv 1 \pmod{p} \ \text{ならば，} \ a = 1 \ \text{または} \ a = p-1$$

である．実際，これは

$$a^2 \equiv 1 \pmod{p} \Longleftrightarrow (a-1)(a+1) \equiv \pmod{p}$$

であり，p が素数であることから

$$a - 1 \equiv 0 \pmod{p} \ \text{または} \ a + 1 \equiv 0 \pmod{p}$$

となって，$a \in A$ であるから，$a = 1$ または $a = p-1$ とわかる．

そこで，a が 1 でも $p-1$ でもない場合について考える．このときは①を満たす x は

$$x \neq a, \ \ 2 \leqq x \leqq p-2$$

である．したがって，$a = 2, 3, \cdots, p-2$ に対して，①を満たす x は定理 $4 \cdot 1$ により唯一つ存在し，これらは互いに相異なる．なぜなら，$a = k, (2 \leqq k < l \leqq p-2)$ に対して，同一の $x \in A$ が定まるとすると，

$$kx \equiv lx \pmod{p} \Longleftrightarrow (l-k)x \equiv 0 \pmod{p}$$

となり，これは $1 \leqq l - k \leqq p-2$ および $2 \leqq x \leqq p-2$ と矛盾するからである．

さて，いま $a = 2, 3, \cdots, p-2$ に対して，①を満たす x をそれぞれ $x_2, x_3, \cdots, x_{p-2}$ とする．すなわち

$$2 \cdot x_2 \equiv 1 \pmod{p}$$
$$3 \cdot x_3 \equiv 1 \pmod{p}$$
$$\cdots\cdots\cdots\cdots\cdots\cdots$$
$$(p-2) \cdot x_{p-2} \equiv 1 \pmod{p}$$

としよう．このとき，上の議論から分かるように

$$\{x_2, x_3, \cdots, x_{p-2}\} = \{2, 3, \cdots, p-2\}$$

が成り立つが，上の $p-3$（偶数）個の合同式のうち，'適当な

$\dfrac{p-3}{2}$ 個の合同式' を掛け合わせると

$$(p-2)! \equiv 1 \pmod{p}$$

が得られ[3]，さらにこの式の両辺に $p-1$ を掛けると

$$(p-1)! \equiv (p-1) \pmod{p}$$

$$\therefore \ (p-1)! \equiv -1 \pmod{p}$$

が成り立つ.

すなわち，ウィルソンの定理が成り立つことが証明できた.　　■

上で証明したことを，具体例を取り上げて検証してみよう．たとえば $p=7$ のとき，集合 A は $A=\{2,\ 3,\ 4,\ 5\}$ であり

$$2 \cdot 4 \equiv 1 \pmod 7$$
$$3 \cdot 5 \equiv 1 \pmod 7$$
$$4 \cdot 2 \equiv 1 \pmod 7$$
$$5 \cdot 3 \equiv 1 \pmod 7$$

であるから，適当な $\dfrac{p-3}{2}=2$ 個の合同式としてはじめの 2 個の合同式を考えればよく，これらを掛け合わせれば

$$5! \equiv 1 \pmod 7$$

が得られ，さらに両辺に 6 を掛ければ

$$6! \equiv 6 \pmod 7 \Longleftrightarrow 6! \equiv -1 \pmod 7$$

が得られる.

また，$p=11$ の場合は，$A=\{2,3,4,\cdots,8,9\}$ であり，

---

[3] この部分が理解し難い人は，具体的な例を考えてみればよい.

$$2 \cdot 6 \equiv (\bmod\, 11) \quad (*)$$
$$3 \cdot 4 \equiv (\bmod\, 11) \quad (*)$$
$$4 \cdot 3 \equiv (\bmod\, 11)$$
$$5 \cdot 9 \equiv (\bmod\, 11) \quad (*)$$
$$6 \cdot 2 \equiv (\bmod\, 11)$$
$$7 \cdot 8 \equiv (\bmod\, 11) \quad (*)$$
$$8 \cdot 7 \equiv (\bmod\, 11)$$
$$9 \cdot 5 \equiv (\bmod\, 11)$$

であるから，適当な $\dfrac{p-3}{2} = 4$ 個の合同式としてたとえば，$(*)$ の

ついた合同式を掛け合わせればよく，このとき

$$9! \equiv 1 (\bmod\, 11)$$

を得て，この式の両辺に 10 を掛けると

$$10! \equiv 10 \ (\bmod\, 11) \Longleftrightarrow 10! \equiv -1 \ (\bmod\, 11)$$

となり，このときも，ウィルソンの定理が確認できる．

　本節の最後にウィルソンの定理の逆 (converse)，すなわち，n を
2 より大きい自然数とすると

$$(n-1)! \equiv -1 \ (\bmod\, n) \Longrightarrow n \text{ は素数}$$

を証明しておこう．

[**証明**]　背理法で示す．n を合成数とすると，$1 < d < n$ を満たす
n の約数 d が存在する．このとき

$$(n-1)! = (n-1) \times (n-2) \times \cdots \times d \times \cdots \times 2 \times 1$$

であるから，$d \mid (n-1)!$ が成り立つ．すなわち

$$d \nmid (n-1)! + 1$$

が言えて，$n = dn' (n' \in \mathbb{Z})$ であったから

$$n \nmid (n-1)! + 1 \Longleftrightarrow (n-1)! \not\equiv -1 \ (\bmod\, n)$$

となって，仮定に反する．したがって，n は合成数ではない．すなわち n は素数であることが分かり，題意は示されたことになる．■

　以上で，第3章で紹介した定理3・2が完全に証明されたことになる．

3.　反省に基づく主題化

　前節では，ウィルソンの定理を合同式を用いて証明したが，第3章でも触れておいたように，これは $\mathbb{Z}$ の剰余環 $\mathbb{Z}_p$ という新しい数システムを利用して証明することもできる．また，環や体の概念を用いると

$$p \text{ が素数} \Longleftrightarrow \mathbb{Z}_p \text{ が体}$$

のように，素数を特徴付けることもできる．

　ともあれ今後の発展的な話題のためにも，ここで代数的演算にまつわる最も基本的な構造（群，環，体）[4] について，じっくりと考えておくのも無駄ではあるまい．しかし，その前になぜこのようなものを考えるのか，について少し根源的なことを述べておく[5]．

---

[4] 先日，私の関わっている塾・予備校でチューターあるいは個別指導をしている教え子3人（2人は東大・理科の2年，他の1人は東工大2年）に，'群，環，体'という概念を知っているか，と尋ねたところ「まったく知らない」あるいは「言葉は聞いたことがあるが，ほとんど知らない」という返事が返ってきた．おそらく3人とも各大学の平均的な学力の学生と思われるが，これが現実なのだろう．はじめにも述べたように，私が直接関わったこういう学生たちのことを考えて，ここではこれらの概念についてごく初歩的な話から始めることにする．

[5] 大学の「数学」の講義は，'群，環，体'とはコレコレシカジカの条件を満たす集合，といったことから始められ，以下に述べるような'人間精神'の問題については一顧だにされないのが，今でも通例であろう．それはそれで致し方のない話ではあるが，しかし，ごく普通の学生に抽象代数学に興味を抱かせるためには，このような視点も必要ではないか，と筆者は常々感じている．

'群，環，体'という代数学における最も基本的な概念が，「代数方程式の解法を考える」ことから生れてきていたことは言うまでもないが，あの文芸評論家の花田清輝[6]は，そのあたりの事情を「『与えられた代数方程式を解くこと』から，問題を『代数的に解き得る方程式の有すべき条件』への探究へと転換させたのであった．すなわち，ここではじめて，組織の条件が問題になったのである」と書いている．「組織の条件」とは，「演算が定義されている集合の構造上の条件」と言い直してもいいが，「演算内，演算間，超演算という段階の継起に関わりながら，代数学を跡づけ」ようとした，ジャン・ピアジェとロランド・ガルシアはその共著『精神発生と科学史』[7]の中で次のように述べている．少々長くなるが，'群，環，体'という概念がなぜ重要なのか，またそれらが誕生する人間精神あるいは知性の必然性ともいうべきものを感じてもらうために，敢えて引用してみる．

代数学は数学のすべての分野に共通する，一般的構造をもつ科学であり，そこには論理が含まれる．しかし，こうした構造に到達するには，予備的な二つの段階が必要だったわけであり，（中略）その最初の段階は，分析が特定のシステムにしか関わらないので，「演算内」ということのできる段階である．その特定のシステムは，ユークリッドのパースペクティブの中で生成された幾何学の比例論のように，変化のない，限定された性質を通じて観察された．

第二の段階は，変換に関するヴィエトの分析とともに「演算間」のレベルに到達する．ヴィエトの分析は，抽象的で一般的な記号表現を通じて可能となったものである．

今日，厳密な意味で「構造」と呼ばれるものに到達する「超演算的」総合は，はるか後に構成され，その構成はガロア群とともに始まる．しかし，理論の生成に関わる，これら三つの相次ぐ大きな集合体は，固有の性質をもつ．それら性質のひとつは，三つの段階が，いずれも心理的な道具として「反省に基づく主題化」と呼ぶことので

---

[6] はなだ・きよてる (1909～1972)，著書に『復興期の精神』『近代の超克』などがある．
[7] 藤野邦夫・松原望訳，新評論．

きるものを用いることにある.

　「反省に基づく主題化」——これこそは，言葉を持ち，自意識を持つ人間の宿命であり，ここに'群，環，体'という概念の誕生の秘密がある.

　おそらく，アーベルやガロアの仕事を，一言で要約するならば，記号の操作を直接行うことから離れ，その操作自体を対象化し，そのメカニズムをある方法を用いて研究した，ということになるだろう．これを「超数学」と言ってもよいが，考えてみれば，これはごく自然なことである.

　5次方程式の解法に挑戦した初期の多くの数学者は，4次方程式までと同様に，「記号操作」そのものの工夫に腐心していただろう．しかし，「記号操作」への沈潜はやがて，方程式を解くことの意味を反省させ，「記号操作」自体を我々の思考の対象とさせる．これは，言葉を有つ人間の，当然の帰結だ．言葉こそ再帰的自意識の源泉，「反省に基づく主題化」の契機だからである.

　ここで，「反省に基づく主題化」という問題を，ごく卑近な例で考えてみよう．受験生に，

$$(2+\sqrt{3})x = 5 \qquad\qquad \cdots\cdots(*)$$

という1次方程式解けという問題を出すと，ほとんど全員が，($*$)の両辺を $2+\sqrt{3}$ で割って，

$$x = \frac{5}{2+\sqrt{3}}$$

とし，さらに右辺の分数の分子・分母に $2-\sqrt{3}$ を掛けて，分母を有利化して

$$x = \frac{5(2-\sqrt{3})}{(2+\sqrt{3})(2-\sqrt{3})} = 5(2-\sqrt{3})$$

のようにして，x の値を求める．これは，これで別に間違いではないが，これはただ単に，教わった通りの「数と記号」の操作によって答を求めたというだけのことだろう．しかし，ここでやったことを

少し「反省」してみると，結局，**1 次方程式 x の係数 $2+\sqrt{3}$ を 1 にする**という操作を行っていたことが納得できるはずだ．したがって，

$$(2-\sqrt{3})(2+\sqrt{3}) = 1$$

が見えていれば，方程式（＊）を解くのにわざわざ割り算をする必要はなく，（＊）の両辺に初めから $2-\sqrt{3}$ を掛ければよかった，ということが分かるだろう．すなわち

$$(2-\sqrt{3})(2+\sqrt{3})x = 5(2-\sqrt{3})$$

$$\therefore \quad x = 5(2-\sqrt{3})$$

となる．このあたりの事情は，行列の方程式を考えるとさらに鮮明に浮かび上がってくる．すなわち A, B を 2 次正方行列とし，

$$AX = B \qquad\qquad \cdots\cdots(**)$$

を満たす 2 次正方行列 X を決定する場合，A が‘逆行列 A^{-1}’を持てば（すなわち $A^{-1}A = AA^{-1} = E$，ただし E は 2 次の単位行列），（＊＊）の両辺に左から A^{-1} を掛けて

$$A^{-1}AX = B \Longleftrightarrow EX = A^{-1}B$$

$$\therefore \quad X = A^{-1}B$$

のように，X を決定できることはよく知られている．これは方程式（＊）の両辺に $2-\sqrt{3}$ を掛けて x を求めたのと同様の操作であると言える．

　なお，ここまではいわゆる‘乗法（掛け算）’に関する方程式を考えてきたが，実は

$$x+2 = 3$$

のような‘加法（足し算）’に関する方程式を解く場合も同様である．すなわち

$$2+(-2) = 0$$

が重要なポイントであることが分かる．

　以上のことから，一体何が分かるか？　それは

第4章　ウィルソンの定理と群

$$ax = b \quad \cdots\cdots ① \quad や \quad x + a = b \cdots\cdots ②$$

という方程式を解く場合

①では，a にどんな数（あるいは行列）を掛ければ 1（あるいは E）になるのか？

②では，a にどんな数を加えれば，0 になるのか？

という問題であり，これらの数（あるいは行列）の'存在'なのである．すなわち

$$aa' = 1 \quad や \quad a + a'' = 0$$

における a' や a'' が大きな鍵になるのである．ちなみに，ウィルソンの定理の証明でも，$ax \equiv 1 \pmod{p}$ を満たす x の存在が大きな鍵になっていたことを思い出していただきたい．

4.　群の定義

さて，前節で述べたことに注意して，最後に最も簡単な代数的構造[8] をもつ'群（group）'の定義を述べておこう．群という概念は，次章から登場する環や体を定義するときに必要になる．

空でない集合 G の元（要素）a, b に対して，2項演算 $*$（具体的には，掛け算あるいは足し算と思って頂いてよい）が定義され，$a * b \in G$ が成り立ち[9]，さらに次の3条件を満たすとき，G は $*$ に関して群をなすという．

G1　結合的（associative）　G の任意の元 a, b, c に対して

---

[8] 群よりもさらに簡単な構造をもつ数システムとして，'半群（semi group）'というものがある．集合 S が半群である条件は，a, $b \in S$ ならば $a * b \in S$ を満たし，S の元が結合津 $(a * b) * c = a * (b * c)$ を満たすことである．

[9] G は $*$ に関して'閉じている'という．

49

$$(a*b)*c = a*(b*c)$$

が成り立つ.

G2 単位元の存在　G には 1 つの元 e が存在して,G の任意の元 a に対して

$$a*e = e*a = a$$

が成り立つ.

G3 逆元の存在　G の任意の元 a に対して

$$a*b = b*a = e$$

を満たす G の元 b が存在する.

　上の定義は何だか抽象的であるが,誤解を恐れずに言えば,$*$ は普通の掛け算の「$\times (\cdot)$」あるいは足し算の「$+$」だと思っておけばよい.とくに,$*$ が $\times$ のとき,G を**乗法群**といい,e は数 1 であり,$*$ が $+$ のときは,G を**加法群**(または**加群**)といい,e は 0 である.
　さらにうるさいことを言えば,普通の数の掛け算,足し算では,任意の $a,\, b \in G$ に対して

$$ab = ba$$

が成り立つが,一般にはこの条件は群には要請されていない.しかし,これから我々が考えていく群は,ほとんどすべてこの条件(可換性)を満たしているので,特に断りがない限り,G は $ab = ba$ を満たすとしておく.なお,このような群を**可換群**(**Abel 群**)という.また,有限個の元から成る群を**有限群**といい,その元の個数を**位数**(**order**)という.

　次章は,整数の集合 $\mathbb{Z}$ の'商環'を考え,これをもとにして,再びウィルソンの定理を考えてみたい.

第5章

剰余環

1. 群から環へ

　　前章の後半では'反省に基づく主題化'に関連して'群'という概念を説明しておいた．本章ではまず'整数の世界'がその典型である'**環**(Ring)'という概念を導入する．このような概念を導入することによって，私たちの'数認識'がどのように変化，変容していくのか？これを'ウィルソンの定理'を通して考えてみるのが，当面の目標である．

　　R を空でない集合とし，この集合の任意の元 a, b に対して，

　　　　加法(足し算，和)： $a + b \ (\in R)$

　　　　乗法(掛け算，積)： $a \cdot b \ (\in R)$

という2つの演算が定義され，この演算について以下の4条件が満たされるとき，集合 R は**環**(Ring)をなすという．

R1 R は加法について，可換群をなす．

R2 R は乗法に関して以下のような結合律 (associative law) を満たす．すなわち，R の任意の元 a, b, c について
$$(a \cdot b) \cdot c = a \cdot (b \cdot c)$$
が成り立つ．

R3 乗法は加法に対して以下のような分配律 (distributive law) を満たす．すなわち，R の任意の元 a, b, c について

$$a \cdot (b+c) = a \cdot b + a \cdot c$$
$$(b+c) \cdot a = b \cdot a + c \cdot a$$

が成り立つ.

R4 R は乗法に関して単位元 e をもつ. すなわち, R の任意の元 a に対して

$$e \cdot a = a \cdot e = a$$

が成り立つ.

　随分もったいぶった定義[1]であるが, とりあえずは, '環' とは, 整数世界 $\mathbb{Z}$ のように '足し算, 引き算, 掛け算' が自由にできる世界と理解しておけばよい.

　ここで, 2, 3 の注意をしておくと, 私たちが考えていく '環' は原則的には, 乗法においては交換律;

$$a \cdot b = b \cdot a \quad (a, b \in R)$$

を満たすものとする. これを**可換環**という. すなわち私たちがこれから考える環はすべて '可換環' である. なお, a と b の掛け算 $a \cdot b$ を

$$ab \quad \text{あるいは} \quad a \times b$$

と書くこともある.

　また, R1 で指摘したように, R は加法についての可換群であるが, 加法の単位元(これを**零元**という)を '0' で, また a の逆元を $-a$ のように表わす. これは, 小・中学校からお馴染みの記法であり,

$$\underbrace{a + a + \cdots + a}_{n \text{個}} \quad \text{を} \quad na$$

と書くことも, これまで学んできた通りである.

　さらに, R4 で考えた乗法の単位元 e をしばしば '1' と書き, ま

---

[1] ここでは, 環の定義として R4 を要請したが, 一般にはこの条件は要請されなくてもよい. 乗法に関する単位元を持つ環を 'ユニタリー環' という. ちなみに 'ユニタリー(unitary)' とは '単位的' という意味である.

52

た

$$\underbrace{a \cdot a \cdots a}_{n\,個} \quad を \quad a^n$$

と記すことも従来通りである.

環 R を考えたとき,そのはじめにしばしば問題にされるのが,任意の $a,\ b\ (\in R)$ に対して

$$0 \cdot a = a \cdot 0 = 0 \quad や \quad a \cdot (-b) = -ab$$

が成り立つことの'証明'である.証明自体は,分配律を用いれば簡単にできるが,実はこれを'何故証明しなければならないのか'の,その'何故'を理解することの方が,はるかに難しい.そして,この'何故'に通常の大学の講義はほとんど応えていないのではないかと思う.

これについてここで詳論するのは避けるが,要するに大学初年級の学生にとっては,$0 \cdot a$ は小中学生同様に'実体概念'であるが,環の導入によって,$0 \cdot a$ は'関数概念'に変容した[2]のである.この'意味の変容'を納得しなければ,上の等式を証明する理由が分からないのである.

閑話休題.先ほども述べたように,環とは「足し算,引き算,掛け算が自由に行える構造 をもった世界」であるが,このような構造をもった集合として整数全体の集合 $\mathbb{Z}$ がある[3].また有理数全体の集合 $\mathbb{Q}$ や実数全体の集合 $\mathbb{R}$,そして複素数全体の集合 $\mathbb{C}$ も環である.さらに,

$$S = \{a + b\sqrt{2} \mid a, b \in \mathbb{Q}\}$$

で定められる集合 S も環(実は'体'でもある)で,これをしばしば $\mathbb{Q}[\sqrt{2}]$ のように記す.言うまでもなく,この他にも環の構造をもった集合が存在するが,次節に述べる集合もその典型的な例の一つである.

---

[2] このあたりの事情については,拙著『優雅な $e^{i\pi} = -1$ への旅』(現代数学社)を参照して頂ければ幸甚である.

[3] この環を'有理整数環'という.

2. 剰余環 $\mathbb{Z}_6$

整数を 6 で割ったときの余り (剰余) の集合は $\{0, 1, 2, 3, 4, 5\}$ であるが，この余りの間には，たとえば

$$1 + 5 \equiv 0 \ (\mathrm{mod}\, 6) \quad 3 - 4 \equiv 5 \ (\mathrm{mod}\, 6)$$

$$4 \cdot 5 \equiv 2 \ (\mathrm{mod}\, 6)$$

のような関係が成り立つ．すなわち，いま集合 $\mathbb{Z}_6$ を

$$\mathbb{Z}_6 = \{0, 1, 2, 3, 4, 5\}$$

のように定めておくと，$\mathrm{mod}\, 6$ のもとで集合 $\mathbb{Z}_6$ の元の間に足し算，引き算，掛け算が定義できて，上に述べた関係を

$$1 + 5 = 0, \quad 3 - 4 = 5, \quad 4 \cdot 5 = 2$$

のように記すことにするのである．このように，足し算や掛け算を定めておくと，この集合が環になるのではないかという予想は容易に立つだろう．実際，集合 $\mathbb{Z}_6$ の 2 つの要素間における加法と乗法を調べてみると，以下のような 表が得られる．

$\mathbb{Z}_6$ の和の算法表

+	0	1	2	3	4	5
0	0	1	2	3	4	5
1	1	2	3	4	5	0
2	2	3	4	5	0	1
3	3	4	5	0	1	2
4	4	5	0	1	2	3
5	5	0	1	2	3	4

$\mathbb{Z}_6$ の積の算法表

·	0	1	2	3	4	5
0	0	0	0	0	0	0
1	0	1	2	3	4	5
2	0	2	4	0	2	4
3	0	3	0	3	0	3
4	0	4	2	0	4	2
5	0	5	4	3	2	1

これらの表から分かるように，$\mathbb{Z}_6 = \{0, 1, 2, 3, 4, 5\}$ は，加法と乗法に関して閉じていて，2つの表はともに対角線を挟んで右上と左下とが対称であり，また，面白いことに，乗法の表を観察すると '1' の行と '5' の行には

$$0, 1, 2, 3, 4, 5$$

と5種類の数がすべて現れているが，2, 3, 4 の行にはこのようなことが起きてない，ということである．ちなみに，'1' と '5' は6と互いに素な数である．

ともあれ，環の条件 R1〜R4 をすべて満たしていることも容易に見通せるだろう．ただ，くどいようだがここで注意しなければならないのは，私たちがいま用いている 0, 1, 2, 3, 4, 5 は，普通の'数'ではないということで，実際，小中学生ならば，

$$3 + 5 = 8$$

と計算するだろうが，私たちは $3 + 5 \equiv 2 \ (\mathrm{mod}\, 6)$ という意味において

$$3 + 5 = 2$$

と計算し，記述していることを忘れてはならない．言い換えれば，私たちは整数世界 $\mathbb{Z}$ を6で割った余りに着目して，整数世界を'類別'し，その類別によって生れるモノ（一者）[4] の間の計算を行っているのである．そこで，私たちは普通の整数の計算と合同式における計算とを明確に区別するために，新しい記法を導入する．すなわち，たとえばいま，$\bar{5}$ という'記号'によって

$$\bar{5} = \{\cdots, \ -7, \ -1, \ 5, \ 11, \ 17, \ \cdots\}$$
$$= \{5 + 6k \,|\, k \in \mathbb{Z}\}$$

のように定めることにする．要するに，整数を6で割った余りがすべて5である整数の集合を $\bar{5}$ で表わすことにするのである．また，上の記法を用いると

---

[4] この'一者'は一であると同時に，実は多を含んでいて，それゆえ'類（class）'とも言われるのである．

$$\overline{11} = \{\cdots, -1, 5, 11, 17, 23, \cdots\}$$
$$= \{11 + 6k \mid k \in \mathbb{Z}\}$$

であるから，当然

$$\overline{11} = \overline{5}$$

が成り立ち，集合 $\overline{11}$ は集合 $\overline{5}$ の‘別の名前’だということになる．しかしその表わすところのものは一致する．そして，このように定めておけば

$$\overline{3} + \overline{5} = \overline{3+5} = \overline{8}$$

が成り立つことは容易に納得できるだろう．すなわち，整数の上に‘bar’を付けておけば，小学生と同様に計算できるというわけである．

　一般には $a \in \mathbb{Z}$ に対して

$$\overline{a} = \{\cdots, a-12, a-6, a, a+6, a+12, \cdots\}$$
$$= \{a + 6k \mid k \in \mathbb{Z}\}$$

のように定め，これを a の 6 を法とする**剰余類**という．そして，$\overline{a}$ に属する任意の元を $\overline{a}$ の**代表元**[5] という．たとえば，5 や 11 や -1 は，いずれも $\overline{5}$ の代表元である．

　整数を 6 で割った余りの集合は $\{0,1,2,3,4,5\}$ であるから，いま集合 $\mathbb{Z}_6$ を，あらためて

$$\mathbb{Z}_6 = \{\overline{0}, \overline{1}, \overline{2}, \overline{3}, \overline{4}, \overline{5}\} \qquad \cdots ①$$

のように定めておこう．また，「6 を法とする合同関係」が「同値関係」であることは既に確認したことであるが，この同値関係を‘∼’と表わすことにすれば，集合①は

$$\mathbb{Z} / \sim$$

のように記されることもある．すなわち

$$\mathbb{Z}_6 = \mathbb{Z} / \sim$$

---

[5]　representative.

第 5 章　剰余環

であるが，これを $\mathbb{Z}$ の**商集合**[6]といい，$\mathbb{Z}_6$ の各要素を $\mathbb{Z}_6$ の**同値類**ともいう．そして，各同値類から選出した代表元の集合

$$\{0, 1, 2, 3, 4, 5\}$$

を $\mathbb{Z} / \sim$ の**完全代表系**[7]という．もちろん，私たちは $\mathbb{Z}_6$ の完全代表系として，たとえば $\{6, -5, 8, 3, -2, 11\}$ としてもよく，したがって

$$\mathbb{Z}_6 = \{\overline{6}, \overline{-5}, \overline{8}, \overline{3}, \overline{-2}, \overline{11}\}$$

のように記してもよい，のは言うまでもない．しかし，私たちのある種の'秩序感覚'からすればやはり，$\mathbb{Z}_6$ を①のように認識しておくのが妥当であろう．

　さらに，$J = 6\mathbb{Z} = \{6a \mid a \in \mathbb{Z}\}$（要するに，6 の倍数の集合）とおくと，$J$ は，

　　1. $a, b \in J \Longrightarrow a - b \in J$

　　2. $a \in J,\ x \in \mathbb{Z} \Longrightarrow ax,\ xa \in J$

を満たすことは容易に確認できるだろう．このとき，J を**（両側）イデアル**[8]というが，このイデアル J を用いて，整数 $x, y \in \mathbb{Z}$ に対して'$\approx$'を

$$x \approx y \Longleftrightarrow x - y \in J$$

と定義してみよう．$x - y \in J$ は

$$x - y \in J \Longleftrightarrow x - y \in 6\mathbb{Z}$$
$$\Longleftrightarrow x - y \equiv 0 \ (\mathrm{mod}\, 6)$$

のように言い換えることができるから，'$\approx$'は同値関係であることは直ぐに納得でき，この同値関係による $\mathbb{Z}$ の商集合 $(\mathbb{Z} / \approx)$ が $\mathbb{Z}_6$ であることも容易に了解できる．このような立場で，$\mathbb{Z}_6$ を捉えるとき，私たちはこれを

---

[6]　この言葉は既に第 3 話の脚注で説明した．

[7]　complete system of representatives.

[8]　(two-sided) ideal.

$$\mathbb{Z}/J = \mathbb{Z}/6\mathbb{Z}$$

のように記す.

　ともあれ, $\mathbb{Z}_6$ をこのように定めておいたとき, これを $\mathbb{Z}$ の 6 を法とする**剰余環**あるいは**商環**といい, この世界においては

$$\bar{a} = \bar{b}(in\ \mathbb{Z}_6) \Longleftrightarrow a \equiv b \pmod 6$$

が成り立っている.

　いろいろな'言葉'が登場してきた[9]が,「反省による主題化」が意識の上で顕在化し新たな認識方法が生れてくる場合, あるいはマイケル・ポランニー風に言えば「暗黙知が自意識を持ち」始める時, 新たな言葉の創出は必然であり, 誤解を恐れずに言えば, これこそは数学の素人にとって数学を学ぶ驚きに満ちた楽しさ, 悦びなのである. そしてそれはまた, 新たな言葉による新たな認識が,'詩'[10]を創出する過程にも酷似している.

3.　剰余環 $\mathbb{Z}_7$ と体

　さて, 次に素数'7'に対して剰余環 $\mathbb{Z}_7$ を考え, これと $\mathbb{Z}_6$ との違いを考察してみたいのであるが, その前に一般の自然数 n に対し

---

[9] こうした言葉は現代数学を学ぶ上で不可欠であるが, 単に言葉を覚えるのではなく, こうした言葉によって陣痛を伴う新たな認識方法を追求しているのだ, という自覚を持ちたい. そして, そのためには多くの具体例を頭に叩き込んでおく必要がある.
[10] そのような例として, たとえばフランシス・ポンジュ (1889 ～ 1988)) の「植物たちの時間は, 彼等の空間に変身する」という詩句や, ライナー・マリア・リルケ (1875 ～ 1926) の「Was wirst du tun, Gott, wenn ich sterbe?/Ich bin dein Krug (wenn ich zerscherbe?)」などの詩句, すなわち彼等の「認識詩」が思い出される.「詩」といえば, 直ぐに相聞歌のような恋愛詩を連想する人は多いだろう. しかしポンジュは「私はある詩人たちのように, 妻や恋人への詩を書かない. 私はこうしている間も, 沈黙しているままの椅子や家具について, その側に立って, その本質に耳を傾けたい」と述べているが, このポンジュの言葉を通して, ここでいう「認識詩」というものがどういうものか, 多少は分かってもらえるのではないかと愚考する.

て，n を法とする剰余環 $\mathbb{Z}_n$ の定義を与えておこう．言うまでもな
く $\mathbb{Z}_6$ の場合とまったく同様に定めることができる．

任意の自然数 $n(\in \mathbb{N})$ に対して

$$\mathbb{Z}_n = \{\overline{0}, \ \overline{1}, \ \overline{2}, \ \cdots, \ \overline{n-1}\}$$

と定める．ただし，ここで $\overline{a}$ は，任意の整数 $a(\in \mathbb{Z})$ に対して定ま
る，n を法とする剰余類，すなわち

$$\overline{a} = \{a + kn \mid k \in \mathbb{Z}\}$$

であり，$\mathbb{Z}_n$ の任意の元 $\overline{a}$ と $\overline{b}$ に対して加法と乗法を

加法：$\overline{a} + \overline{b} = \overline{a+b}$

乗法：$\overline{a} \cdot \overline{b} = \overline{ab}$

と定める．このとき，$\mathbb{Z}_n$ が加法について閉じているのは，これまで
の議論から明らかで，加法については，$\mathbb{Z}_n$ の任意の元 $\overline{a}, \overline{b}, \overline{c}$ に
対して

交換律：$\overline{a} + \overline{b} = \overline{b} + \overline{a}$

結合律：$(\overline{a} + \overline{b}) + \overline{c} = \overline{a} + (\overline{b} + \overline{c})$

単位元(零元)の存在：$\overline{a} + \overline{0} = \overline{a}$

逆元の存在：$\overline{a} + (\overline{-a}) = \overline{0}$

が成り立つので，$\mathbb{Z}_n$ は加法について‘可換群’であり，また乗法に
ついては

交換律：$\overline{a} \cdot \overline{b} = \overline{b} \cdot \overline{a}$

結合律：$(\overline{a} \cdot \overline{b}) \cdot \overline{c} = \overline{a} \cdot (\overline{b} \cdot \overline{c})$

分配律：$\overline{a} \cdot (\overline{b} + \overline{c}) = \overline{a} \cdot \overline{b} + \overline{a} \cdot \overline{c}$

単位元の存在：$\overline{1} \cdot \overline{a} = \overline{a}$

が成り立っている．したがって，$\mathbb{Z}_n$ は環をなしていることも容易に
理解できるだろう．

以上のことを踏まえた上で，今度は $\mathbb{Z}_7$ の加法と乗法の表を作っ
てみよう．ただし，$\mathbb{Z}_6$ の場合と同様に，各剰余類 $\overline{a}(\in \mathbb{Z}_7)$ は bar
をとって a のように記してある．

$\mathbb{Z}_7$ の和の算法表

+	0	1	2	3	4	5	6
0	0	1	2	3	4	5	6
1	1	2	3	4	5	6	0
2	2	3	4	5	6	0	1
3	3	4	5	6	0	1	2
4	4	5	6	0	1	2	3
5	5	6	0	1	2	3	4
6	6	0	1	2	3	4	5

$\mathbb{Z}_7$ の積の算法表

·	0	1	2	3	4	5	6
0	0	0	0	0	0	0	0
1	0	1	2	3	4	5	6
2	0	2	4	6	1	3	5
3	0	3	6	2	5	1	4
4	0	4	1	5	2	6	3
5	0	5	3	1	6	4	2
6	0	6	5	4	3	2	1

　さて，ここで，上の $\mathbb{Z}_7$ の2つの表と前節の $\mathbb{Z}_6$ の2つの表とを比較して頂きたい．加法の表については特に大きな違いはないが，乗法については，決定的な違いがある．それは，'1'の行から'6'の行までのすべてについて，1〜6までのすべての数が現れている，ということである．たとえば $\overline{4}$ の行には，左端の0を除くと，

$$4, 1, 5, 2, 6, 3$$

の順に1〜6までの数がすべて現れていることが観察できるであろう．もちろん，これは偶然ではない[11]が，さらに $\overline{0}$ を除いた元によってできる集合

$$\{\overline{1}, \overline{2}, \overline{3}, \overline{4}, \overline{5}, \overline{6}\}$$

が，乗法に関して'群'をなしていることが観察できるであろう．ここで，前章で述べた'群'の定義を想起して頂きたい．いまの場合，上の集合を G としておくと，G の任意の元 $\overline{a}$ に対して

---

[11] これについては，いずれ議論するが，実は第4章の定理4·1ですでに証明してある．

第 5 章　剰余環

$$\bar{a} \cdot \bar{x} = \bar{x} \cdot \bar{a} = \bar{1}$$

を満たす元 $\bar{x}$ が集合 G に存在するか否か，すなわち乗法に関する逆元の存在が問題になるが，上の乗法の表から，そのような $\bar{x}$ が存在することは直ちに分かるであろう．

これが $\mathbb{Z}_6$ と $\mathbb{Z}_7$ との決定的な違いである．これは，以下の表の $\mathbb{Z}_{10}$ と $\mathbb{Z}_{11}$ の積の算法表の違いでもある．

$\mathbb{Z}_{10}$ の積の算法表

·	0	1	2	3	4	5	6	7	8	9
0	0	0	0	0	0	0	0	0	0	0
1	0	1	2	3	4	5	6	7	8	9
2	0	2	4	6	8	0	2	4	6	8
3	0	3	6	9	2	5	8	1	4	7
4	0	4	8	2	6	0	4	8	2	6
5	0	5	0	5	0	5	0	5	0	5
6	0	6	2	8	4	0	6	2	8	4
7	0	7	4	1	8	5	2	9	6	3
8	0	8	6	4	2	0	8	6	4	2
9	0	9	8	7	6	5	4	3	2	1

$\mathbb{Z}_{11}$ の積の算法表

·	0	1	2	3	4	5	6	7	8	9	10
0	0	0	0	0	0	0	0	0	0	0	0
1	0	1	2	3	4	5	6	7	8	9	10
2	0	2	4	6	8	10	1	3	5	7	9
3	0	3	6	9	1	4	7	10	2	5	8
4	0	4	8	1	5	9	2	6	10	3	7
5	0	5	10	4	9	4	8	2	7	1	6
6	0	6	1	7	2	8	3	9	4	10	5
7	0	7	3	10	6	2	9	5	1	8	4
8	0	8	5	2	10	7	4	1	9	6	3
9	0	9	7	5	3	1	10	8	6	4	2
10	0	10	9	8	7	6	5	4	3	2	1

R を環とし，‘1’ を R の乗法に関する単位元としよう．いま $a \in R$ に対して

$$ax = xa = 1$$

61

となる元 x が R に存在するならば，a を R の**単元**[12]と言い，x を a の逆元と呼ぶ．そして，環 R の '0'（加法に関する単位元）以外の元が単元であるとき，これを**体**[13]という．

要するに環 R が与えられているとき，R の 0 以外の元すべての集合（ここでは，$\mathbb{Z}_n - \{\overline{0}\}$ のこと）が乗法に関して群をなすとき，R を体というのである．

誤解を恐れずに端的に言ってしまえば，'体'とは，足し算，引き算，掛け算，割り算がその集合内で自由に行える世界のことで，環 $\mathbb{Q}$（有理数の世界），$\mathbb{R}$（実数の世界），$\mathbb{C}$（複素数の集合）は，いずれも体である．また，$\mathbb{Z}$ は可換環ではあるが，体ではなく，その単元からなる集合 $\Gamma = \{1, -1\}$ は体である．

いま定義した'体'という言葉を用いると，私たちは $\mathbb{Z}_6$ と $\mathbb{Z}_7$ との違いを，そして $\mathbb{Z}_{10}$ と $\mathbb{Z}_{11}$ との違いを

$\mathbb{Z}_6, \mathbb{Z}_{10}$ は体ではないが，$\mathbb{Z}_7, \mathbb{Z}_{11}$ は体である

と表現することができる．そして，第 4 章でも簡単に触れておいたように，

n が素数 $\Longleftrightarrow \mathbb{Z}_n$ が体

にように認識できるのである．

次章も引き続き，剰余環 $\mathbb{Z}_n$ について考えていく．

---

[12] unit.'可逆元'ともいう．

[13] field. 正確に述べれば'斜体'（division ring）といい，可換な斜体を体という．このあたりの言葉の定義は書物によって多少異なることがあるが，今は気にする必要はないだろう．

第6章

剰余環から体へ

1. 剰余環 $\mathbb{Z}_n$ が体であるための条件

前章は，剰余環 $\mathbb{Z}_6, \mathbb{Z}_7, \mathbb{Z}_{10}, \mathbb{Z}_{11}$ などを具体的に取り上げ，これらの算法表を作り，さらに'体'という概念を紹介して，

$$p \text{ が素数} \implies \mathbb{Z}_p \text{ が体}$$

という命題が成り立つのではないか，という予想を述べておいた．本章は，まずこの命題を確認することからはじめてみたい．

【定理6・1】 p が素数ならば，剰余環 $\mathbb{Z}_p$ は体である．

[証明] これを証明するには，$\mathbb{Z}_p$ の $\overline{0}$ 以外のすべての元が，'単元'であることを示しておけばよい．すなわち，

$$\overline{A} = \mathbb{Z}_p - \{\overline{0}\} = \{\overline{1}, \overline{2}, \cdots\cdots, \overline{p-1}\}$$

とおくと，$\overline{A}$ の任意の元 $\overline{a}$ に対して

$$\overline{a} \cdot \overline{x} = \overline{1}$$

を満たす $\overline{x}$ が $\overline{A}$ に存在することを示しておけばよい．ところが，これを示すには，集合 A を

$$A = \{1, 2, \cdots\cdots, p-1\}$$

と定めたとき，$a (\in A)$ に対して

$$ax \equiv 1 \pmod{p}$$

を満たす $x (\in A)$ が存在することを証明しておけばよいが，これはす

でに「定理4・1」で示したことである．よって，定理は証明された．■

この定理の逆については，次のことが言える．

【定理6・2】 n を 2 以上の自然数とする．このとき，剰余環 $\mathbb{Z}_n$ が体ならば，n は素数である．

[**証明**] この定理の証明をするために，思い出しておきたいのは「定理4・2」に関連して指摘した次の事実である．すなわち，整数 a, n に対して

$$ax + ny = 1$$

を満たす整数 x, y が存在する必要十分条件は，a と n が互いに素である，すなわち $\gcd(a, n) = 1$ ということである．

さて，いま n が素数でないとすると，$1 < a < n$ を満たす n の約数 a が存在する．すなわち，a と n は互いに素ではなく，上で指摘した事実から

$$ax + ny = 1 \iff ax \equiv 1 \pmod{n}$$

を満たす整数 x, y は存在しない．すなわち，$\overline{a} \in \mathbb{Z}_n$ に対しては

$$\overline{a} \cdot \overline{x} = \overline{1}$$

を満たす $\overline{x} \in \mathbb{Z}_n$ は存在しないことになり，$\overline{a}$ は単元でないことが分かる．したがって，剰余環 $\mathbb{Z}_n$ は体ではないことになり，これは不合理である．よって，n は素数でなければならない．■

定理6・2に関連して，さらに補足説明をしておこう．n を素数でない正の整数とする．このとき

$$\mathbb{Z}_n = \{\overline{0}, \overline{1}, \overline{2}, \cdots\cdots, \overline{n-1}\}$$

の $\overline{0}$ 以外の元 $\overline{a}$ について，a が n と互いに素な場合とそうでない場合について一体どんなことが言えるのかを考えてみよう．

第 6 章　剰余環から体へ

　筆者がこれから述べようとしていることがピンとこない人は，前章で紹介した $\mathbb{Z}_{10}$ の積の算法表を眺めてみるとよいだろう．$n = 10$ のとき，$a = 1, 3, 7, 9$ の場合と $a = 2, 4, 5, 6, 8$ の場合とについて各行に現れた数を観察してみると，一体どんなことが言えるかはほぼ予想できるはずである．

　$\overline{a} \in \mathbb{Z}_n \,(0 < a < n)$ とし，a と n の最大公約数を d としよう．

　$d = 1$ すなわち a と n が互いに素であれば，

$$ax \equiv 1 \pmod{n}$$

を満たす整数 x が集合 $\{1, 2, \cdots, n - 1\}$ にただ 1 つ存在し，これは

$$\overline{a}\,\overline{x} = \overline{1}$$

を満たす $\overline{x} \in \mathbb{Z}_n$ が存在することを意味しているので，$\overline{a}$ は単元である．いうまでもなく，$\overline{a}$ に対して $\overline{x}$ はただ 1 つ存在する．

　$d > 1$ のとき

$$a = da', \quad n = dn' \quad (a' \text{ と } n' \text{ は互いに素})$$

とおくと，$0 < n' < n$ であるから $\overline{n'} \neq \overline{0}$ であり，

$$an' = (da')n' = a'(dn') = a'n$$

であるから，

$$an' \equiv 0 \pmod{n}$$

が成り立つ．すなわち

$$\overline{a} \cdot \overline{n'} = \overline{0}$$

が成り立ち，これは $\overline{a}$ が $\mathbb{Z}_n$ の**零因子** (zero divisor)[1] であることを

---

[1] 「零因子（れいいんし）」という言葉は，高校で行列を学んだときに登場してきたはずである．すなわち，行列の世界では O（零行列）でない 2 つの 2 次正方行列 M, N が存在して $MN = O$ となることがあるが，このとき M, N を零因子といったのである．一般に環の元 a に対して $0 \cdot a = a \cdot 0 = 0$ が成り立つが，さらに $a \neq 0, b \neq 0$ であっても $a \cdot b = 0$ となることがある．このとき，a を左の零因子，b を右の零因子という．

65

示している.

　以上のことを定理としてまとめておこう.

【定理6·3】 n を2以上の自然数とし，$\mathbb{Z}_n$ を法 n に関する $\mathbb{Z}$ の剰余環とする．$\overline{a} \in \mathbb{Z}_n$ に対して
- a と n が互いに素であれば，$\overline{a}$ は単元である．
- a と n が互いに素でないならば，$\overline{a}$ は零因子である．

　さらに，これまでの考察から，以下の命題が導かれる.

【定理6·4】 p を素数とする．このとき，$\overline{x}, \overline{y} \in \mathbb{Z}_p$ に対して
$$\overline{x} \cdot \overline{y} = \overline{0} \implies \overline{x} = \overline{0} \quad \text{または} \quad \overline{y} = \overline{0}$$
が成り立つ.

[**証明**] これまでの議論からほとんど自明であるが，簡単に証明しておく．$\overline{x} = \overline{0}$ のときは明らかであるから，$\overline{x} \neq \overline{0}$ としておく．このとき，p は素数であるから x は p と互いに素であり，したがって定理6·3から $\overline{x}$ は‘単元’である．すなわち

$$\overline{a} \cdot \overline{x} = \overline{1} \quad (\overline{a} \in \mathbb{Z}_p)$$

を満たす $\overline{a}$ （これを $\overline{x}^{-1}$ のように記す）が存在する．したがって，

$$\overline{x} \cdot \overline{y} = \overline{0}$$

の両辺に左から $\overline{x}^{-1}$ を掛けると

$$\overline{x}^{-1}(\overline{x} \cdot \overline{y}) = \overline{x}^{-1} \cdot \overline{0}$$

である．左辺は $\overline{x}^{-1}(\overline{x} \cdot \overline{y}) = (\overline{x}^{-1} \cdot \overline{x})\overline{y} = \overline{1} \cdot \overline{y} = \overline{y}$ であり，右辺は $\overline{0}$ であるから，結局

$$\overline{y} = \overline{0}$$

が得られ，命題は証明されたことになる．　　　　　　　　■

第 6 章　剰余環から体へ

以上で，ウィルソンの定理の証明の準備が完了した．

2.　ウィルソンの定理の再証明

以下に述べる命題も，実は第 4 章で述べたことであるが，'体'の言葉で定理として確認しておく．

【定理 6·5】　p を素数とする．$\bar{x} \in \mathbb{Z}_p$ に対して
$$\bar{x}^2 = \bar{1} \implies \bar{x} = \overline{p-1} \quad \text{または} \quad \bar{1}$$
が成り立つ．

[証明]　$\bar{x}^2 = \bar{1}$ から
$$\bar{x}^2 - \bar{1} = \bar{0} \iff (\bar{x}+\bar{1}) \cdot (\bar{x}-\bar{1}) = \bar{0}$$
定理 6·4 により
$$\bar{x}+\bar{1} = \bar{0} \quad \text{または} \quad \bar{x}-\bar{1} = \bar{0}$$
すなわち
$$\bar{x} = \overline{-1} \quad \text{または} \quad \bar{x} = \bar{1}$$
である．ここで，$\overline{-1} = \overline{p-1}$ であるから
$$\bar{x} = \overline{p-1} \quad \text{または} \quad \bar{x} = \bar{1}$$
よって，題意は示された．　　　　　　　　　　　　　　　■

上の定理は，実はウィルソンの定理には決定的に重要なことで，n が素数でなければ，$\mathbb{Z}_n$ において定理 6·5 は成立せず，したがって，ウィルソンの定理も成立しないのである．'素数'が上の定理の成立を保証していることを肝に銘じておきたい．

さて，いよいよ'体'の概念によるウィルソンの定理を証明しよう．

【定理6・6】 p を素数とする. このとき体 $\mathbb{Z}_p$ において

$$\bar{1}\cdot\bar{2}\cdot\bar{3}\cdots\cdots\cdot\overline{(p-2)}\cdot\overline{(p-1)}=\overline{-1}$$

が成立する.

[証明] $\mathbb{Z}_p$ の元で，自分自身が自分自身の逆元になるものは，定理 6・5 により $\bar{1}$ と $\overline{p-1}$ だけである．そこで，この 2 つの元を除いた $\mathbb{Z}_p$ の $p-3$ 個(偶数個)の元

$$\bar{2},\ \bar{3},\ \cdots\cdots,\ \overline{p-2}\qquad\cdots(*)$$

を考えると，これらはすべて単元で，それぞれの逆元は上の $(*)$ にすべて現れる．しかも，それぞれの逆元はただ一通りに定まる．したがって，

$$\bar{2}\cdot\bar{3}\cdots\cdots(\overline{p-2})=\bar{1}$$

が成り立つ[2] ので，

$$\begin{aligned}\bar{1}\cdot\bar{2}\cdot\bar{3}\cdots\cdots\cdot(\overline{p-2})\cdot(\overline{p-1})&=\bar{1}\cdot\bar{1}\cdot(\overline{p-1})\\&=\overline{p-1}\\&=\overline{-1}\end{aligned}$$

となり，定理が証明された． ∎

　この定理から直ちに p が素数のとき，$(p-1)!\equiv-1\ (\mathrm{mod}\,p)$ が得られるのは言うまでもないが，上の定理の証明で最も重要なポイントは，'$\bar{x}\cdot\bar{y}=\bar{0}$ ならば $\bar{x}=0$ または $\bar{y}=0$'という命題[3] と $\mathbb{Z}_p$ が'体'である，という認識であり，ここを押さえておけばウィルソン

---

[2] $p=11$ の場合，リスト $(*)$ は $\bar{2},\bar{3},\bar{4},\bar{5},\bar{6},\bar{7},\bar{8},\bar{9}$ であり，前章で紹介した算法表から

$$\bar{2}\cdot\bar{6}=\bar{1},\ \ \bar{3}\cdot\bar{4}=\bar{1},\ \ \bar{5}\cdot\bar{9}=\bar{1},\ \ \bar{7}\cdot\bar{8}=\bar{1}$$

となることが分かる．したがって，$\bar{2}\cdot\bar{3}\cdot\bar{4}\cdot\bar{5}\cdot\bar{6}\cdot\bar{8}\cdot\bar{9}=\bar{1}$ が成り立つ.

[3] これが成り立つ集合を'整域'(intrgral domain)というが，任意の体は'整域'である.

の定理はほとんど自明に思えてくる．言葉は少々大袈裟であるが，‘抽象代数学’の認識力と言うべきだろう

ウィルソンの定理は $\mathbb{Z}_n$ において，$n = p$（p は素数）のときに得られる剰余環に関する定理と考えることもできるが，n が素数でない場合の剰余環についてもここで少し考えておきたい．そのために，前章で紹介した $\mathbb{Z}_6$ と $\mathbb{Z}_{10}$ の‘積の算法表’（これを‘乗積表’ということもある）を観察してみよう．

$\mathbb{Z}_6$ の乗積表において，1〜5までのすべての数が現れているのは，6と互いに素な数である‘1’と‘5’の行および列であり，$\mathbb{Z}_{10}$ の乗積表において1〜9までの数がすべて現れているのは，これまた10と互いに素な数である‘1’, ‘3’, ‘7’, ‘9’の行および列である．

ともあれ，これらの行と列だけを取り出して‘乗積表’を作ってみよう．以下のようになる．

$\mathbb{Z}_6$ から得られる Γ_6 の乗積表

·	1	5
1	1	5
5	5	1

$\mathbb{Z}_{10}$ から得られる Γ_{10} の乗積表

·	1	3	7	9
1	1	3	7	9
3	3	9	1	7
7	7	1	9	3
9	9	7	3	1

ここで，第4章で述べた‘群’の定義を思い出してもらおう．いま集合 Γ_6 および Γ_{10} を

$$\Gamma_6 = \{\bar{1},\ \bar{5}\}, \quad \Gamma_{10} = \{\bar{1},\ \bar{3},\ \bar{7},\ \bar{9}\}$$

のように定めておくと，上の2つの乗積表からこれらが‘群’（有限群）をなすことが了解できるであろう．

一般に整数 $n\,(> 1)$ に対して，剰余環 $\mathbb{Z}_n$ を考え，1〜n までの整数で n と互いに素なものを全部選び，それらの数から作られる剰余

類の集合を，上の例に倣って Γ_n と書くことにしよう．Γ_n は群をなすが，これを**既約剰余類群**[4] という．

Γ_n が群をなす[5] 理由は以下の通りである．すでに定理 6・3 で見たように，a と n が互いに素であれば，a は単元であり，Γ_n は $\mathbb{Z}_n$ の単元全体の集合とも捉えることができる．したがって，Γ_n の任意の元 $\bar{a}$ には逆元が存在する．また，$\bar{1} \in \Gamma_n$（単位元の存在）は明らかで，a, b が n と互いに素なとき，ab も n と互いに素であるから

$$\bar{a}, \bar{b} \in \Gamma_n \implies \bar{a} \cdot \bar{b} \in \Gamma_n$$

が言えて，Γ_n は積に関して閉じている．以上から，Γ_n が群をなすことが納得できるであろう．

なお，定義から了解できるように，p が素数ならば Γ_p は群 $\mathbb{Z}_p - \{\bar{0}\}$[6] と一致する．

いうまでもなく，集合 Γ_n の位数（要素の個数）は，大学入試にもときどき登場する Euler の関数 $\varphi(n)$ であり，この関数は正の整数 n に対して，$1, 2, \cdots, n$ のうち，n と互いに素な整数の個数と定義され，これは次のような性質[7] をもっている．

(1) $\gcd(m, n) = 1$ ならば，$\varphi(mn) = \varphi(m)\varphi(n)$

(2) p が素数ならば，$\varphi(p^e) = p^e - p^{e-1} (e \in \mathbb{N})$

---

[4]　group of reduced residue classes modulo n.

[5]　一般に環 R の単元全体の集合は，群を作る．ここでは一般の証明は割愛するが，この群が積に関して閉じていることは次のように示すことができる．すなわち，a, b が R の単元ならば，$(b^{-1}a^{-1})(ab) = 1$ であるから，ab も R の単元である．

[6]　この群は，実は'位数 $p-1$ の巡回群'であり，また'素数 p の原始根'と言われるものが関係してくるが，こうした問題について考えるにはいま少し抽象代数の知識が必要である．

[7]　証明については，拙著『整数の理論と演習』（現代数学社）41 ～ 42 頁を参照して頂きたい．

(3) n の素因数分解を $n = p_1^{e_1} p_2^{e_2} \cdots p_k^{e_k}$ ($p_1, p_2, \cdots, p_k$

は互いに異なる素数，$e_1, e_2, \cdots, e_k$ は 1 以上の整数) とすると

$$\varphi(n) = n\left(1 - \frac{1}{p_1}\right)\left(1 - \frac{1}{p_2}\right) \cdots \left(1 - \frac{1}{p_k}\right)$$

また，この関数値が常に偶数となる[8]ことはよく知られている．なお，(1)が証明できれば，(2), (3)はほとんど自明であるが，(1)の証明には次章において既約剰余類群の'直積'を考える際に触れてみたい．

3. オイラーの定理とフェルマーの小定理

さて，本章の最後に

$$\bar{a} \in \Gamma_n \implies \bar{a}^{\varphi(n)} = \bar{1}$$

という**オイラーの定理**[9]について考えてみよう．これが示されれば，p が素数ならば $\varphi(p) = p - 1$ であるから

$$\bar{a} \in \Gamma_p \implies \bar{a}^{p-1} = \bar{1}$$

というフェルマーの小定理も示されることになるが，ともかく具体的な例を取り上げて実験することからはじめてみる．

まず Γ_6 と Γ_{10} の乗積表を観察して頂きたい．

Γ_6 においては

$$\bar{5}^2 = \bar{1}$$

が成り立ち，Γ_{10} においては

$$\bar{3}^4 = \bar{1}, \quad \bar{7}^4 = \bar{1}, \quad \bar{9}^4 = \bar{1}$$

―――――――――――――――――――――――

[8] これは，かつて埼玉大学の入試で出題されたことがあり，拙著『整数の理論と演習』246 頁を参照して頂きたい．

[9] この定理の初等的な証明は拙著『整数の理論と演習』の 50 頁を参照して頂きたい．

が成り立っていることが直ちに了解できるだろう．実際，Γ_{10} の乗積表から

$$\overline{7}^{\,4} = (\overline{7}\cdot\overline{7})\cdot\overline{7}^{\,2} = (\overline{9}\cdot\overline{7})\cdot\overline{7} = \overline{3}\cdot\overline{7} = \overline{1}$$

と計算される．ここで，2 は $\varphi(6)$ であり，4 は $\varphi(10)$ であることに注意しよう．

さらに

$$\Gamma_{14} = \{\overline{1},\ \overline{3},\ \overline{5},\ \overline{9},\ \overline{11},\ \overline{13}\}$$

および

$$\Gamma_{15} = \{\overline{1},\ \overline{2},\ \overline{4},\ \overline{7},\ \overline{8},\ \overline{11},\ \overline{13},\ \overline{14}\}$$

の乗積表も作ってみよう．以下のようになる．

Γ_{14} の乗積表

·	1	3	5	9	11	13
1	1	3	5	9	11	13
3	3	9	1	13	5	11
5	5	1	11	3	13	9
9	9	13	3	11	1	5
11	11	5	13	1	9	3
13	13	11	9	5	3	1

Γ_{15} の乗積表

·	1	2	4	7	8	11	13	14
1	1	2	4	7	8	11	13	14
2	2	4	8	14	1	7	11	13
4	4	8	1	13	2	14	7	11
7	7	14	13	4	11	2	1	8
8	8	1	2	11	4	13	14	7
11	11	7	14	2	13	1	8	4
13	13	11	7	1	14	8	4	2
14	14	13	11	8	7	4	2	1

　上の乗積表から Γ_{14} も Γ_{15} も群をなしていることが容易に納得できるはずだが，たとえば，$\overline{3} \in \Gamma_{14}$ については

$$\overline{3}^{\,1} = \overline{3},\quad \overline{3}^{\,2} = \overline{9},\quad \overline{3}^{\,3} = \overline{13},\quad \overline{3}^{\,4} = \overline{11},$$

$$\overline{3}^{\,5} = \overline{5},\quad \overline{3}^{\,6} = \overline{1}$$

となる．すなわち，$\varphi(14) = 6$ であるから

$$\overline{3}^{\,\varphi(14)} = \overline{1}$$

が成り立っている．また，$\overline{5} \in \varGamma_{14}$ については

$$\overline{5}^{\,1} = \overline{5}, \quad \overline{5}^{\,2} = \overline{11}, \quad \overline{5}^{\,3} = \overline{13}, \quad \overline{5}^{\,4} = \overline{9},$$
$$\overline{5}^{\,5} = \overline{3}, \quad \overline{5}^{\,6} = \overline{1}$$

となり，このときも $\overline{5}^{\,\varphi(14)} = \overline{1}$ が成立している．

さらに，$\overline{7} \in \varGamma_{15}$ については

$$\overline{7}^{\,1} = \overline{7}, \quad \overline{7}^{\,2} = \overline{4}, \quad \overline{7}^{\,3} = \overline{13}, \quad \overline{7}^{\,4} = \overline{1}$$

となって，$\varphi(15) = 8$ であるから，このときも

$$\overline{7}^{\,\varphi(15)} = \overline{1}$$

が成り立つ．他の元についても乗積表を利用して，上で述べたオイラーの定理が成立していることを具体的に確認して頂きたい．これは実に大切なこと [10] である．この定理の抽象代数的な立場からの証明は次章にゆずる．

ともあれ，愚直と言われても，多くの実験を行うことで，思わぬ発見があるものである．実は，$\varGamma_{15}$ の元については，ある面白い事実が浮かび上がってくるのだが，これについても，次章で述べたいと思う．

---

[10] 筆者もそうであったが，とかく大学の数学を学んでいる学生は抽象的な議論に偏する嫌いがある．ごく一部の天才は別にしても大部分の学生はそれだけで納得することは難しい．数学理解には，とりあえずは多くの具体例と地道な計算が不可欠である．

第7章

位数と直積群

1. まず，観察してみる

前章の最後に'オイラーの定理'と'フェルマーの小定理'について言及し，この定理を抽象代数学の立場から考えてみよう，ということを述べておいた．これらの定理は要するに，'**剰余環 $\mathbb{Z}_n$ ($n \in \mathbb{N}$) の元を何乗かすると $\overline{1}$ になる**' という定理で，その'**何乗**'が一体どんな数になるのか，が眼目なのである．

まず，$\mathbb{Z}_n$ から $\overline{0}$ を除いた集合[1]について，第5章のように $n = 6, 7$ および $n = 10, 11$ のそれぞれの元 $\overline{a}$ の'累乗表'を作って観察してみよう．

$\mathbb{Z}_6$ の累乗表

$\overline{a}$	$\overline{a}^1$	$\overline{a}^2$	$\overline{a}^3$	$\overline{a}^4$	$\overline{a}^5$	$\overline{a}^6$
$\overline{1}$	1	1	1	1	1	1
$\overline{2}$	2	4	2	4	2	4
$\overline{3}$	3	3	3	3	3	3
$\overline{4}$	4	4	4	4	4	4
$\overline{5}$	5	1	5	1	5	1

$\mathbb{Z}_7$ の累乗表

$\overline{a}$	$\overline{a}^1$	$\overline{a}^2$	$\overline{a}^3$	$\overline{a}^4$	$\overline{a}^5$	$\overline{a}^6$	$\overline{a}^7$
$\overline{1}$	1	1	1	1	1	1	1
$\overline{2}$	2	4	1	2	4	1	2
$\overline{3}$	3	2	6	4	5	1	3
$\overline{4}$	4	2	1	4	2	1	4
$\overline{5}$	5	4	6	2	3	1	5
$\overline{6}$	6	1	6	1	6	1	6

---

[1] n が素数の場合は，このような集合は $\Gamma_n = \mathbb{Z}_n - \{\overline{0}\}$ と一致した．

2つの累乗表を比較すると直ちに分かることであるが，n が素数 7 である $\mathbb{Z}_7$ の累乗表の $\overline{a}^{\,6}$ の列（縦の並び）には，すべて'1'が並んでいるが，n が素数でない 6 の場合は，$\mathbb{Z}_6$ の累乗表にはこのような列は現れていない．

ついでに述べておくと，$\mathbb{Z}_7$ の累乗表の行（横の並び）を観察すると，$\overline{3}$ と $\overline{5}$ の行には，1 から 6 までの数がすべて現れている．これは前章の最後に少し述べておいた'巡回群'や，さらに'原始根'という概念に発展して行くのだが先を急がないで，さらに $\mathbb{Z}_{10}$ や $\mathbb{Z}_{11}$ の累乗表を観察してみよう．

$\mathbb{Z}_{10}$ の累乗表

$\overline{a}$	$\overline{a}^{\,1}$	$\overline{a}^{\,2}$	$\overline{a}^{\,3}$	$\overline{a}^{\,4}$	$\overline{a}^{\,5}$	$\overline{a}^{\,6}$	$\overline{a}^{\,7}$	$\overline{a}^{\,8}$	$\overline{a}^{\,9}$	$\overline{a}^{\,10}$
$\overline{1}$	1	1	1	1	1	1	1	1	1	1
$\overline{2}$	2	4	8	6	2	4	8	6	2	4
$\overline{3}$	3	9	7	1	3	9	7	1	3	9
$\overline{4}$	4	6	4	6	4	6	4	6	4	6
$\overline{5}$	5	5	5	5	5	5	5	5	5	5
$\overline{6}$	6	6	6	6	6	6	6	6	6	6
$\overline{7}$	7	9	3	1	7	9	3	1	7	9
$\overline{8}$	8	4	2	6	8	4	2	6	8	4
$\overline{9}$	9	1	9	1	9	1	9	1	9	1

$\mathbb{Z}_{11}$ の累乗表

$\overline{a}$	$\overline{a}^{\,1}$	$\overline{a}^{\,2}$	$\overline{a}^{\,3}$	$\overline{a}^{\,4}$	$\overline{a}^{\,5}$	$\overline{a}^{\,6}$	$\overline{a}^{\,7}$	$\overline{a}^{\,8}$	$\overline{a}^{\,9}$	$\overline{a}^{\,10}$	$\overline{a}^{\,11}$
$\overline{1}$	1	1	1	1	1	1	1	1	1	1	1
$\overline{2}$	2	4	8	5	10	9	7	3	6	1	2
$\overline{3}$	3	9	5	4	1	3	9	5	4	1	3
$\overline{4}$	4	5	9	3	1	4	5	9	3	1	4
$\overline{5}$	5	3	4	9	1	5	3	4	9	1	5
$\overline{6}$	6	3	7	9	10	5	8	4	2	1	6
$\overline{7}$	7	5	2	3	10	4	6	9	8	1	7
$\overline{8}$	8	9	6	4	10	3	2	5	7	1	8
$\overline{9}$	9	4	3	5	1	9	4	3	5	1	9
$\overline{10}$	10	1	10	1	10	1	10	1	10	1	10

$\mathbb{Z}_{10}$ と $\mathbb{Z}_{11}$ の累乗表についても，先ほど確認したことと同様のことが言える．すなわち，$\mathbb{Z}_{11}$ については，$\overline{a} \neq \overline{0}$ であれば

$$\overline{a}^{\,10} = \overline{1} \quad (\text{for all } \overline{a} \in \mathbb{Z}_{11})$$

が成り立っているが，$\mathbb{Z}_{10}$ についてはこのようなことはいえない．

一般に，p が素数ならば，

$$\overline{a}^{\,p-1} = \overline{1} \quad (\text{for all } \overline{a} \in \mathbb{Z}_p)$$

が成り立つことが予想されるが，これがすなわち，**フェルマーの小定理**（Fermat's Little Theorem）である．

2. フェルマーの小定理の証明と位数

第1章からここまで付き合って頂いている読者諸氏にとっては，フェルマーの小定理の証明はもはや簡単であろう．たとえば第5章で紹介した $\mathbb{Z}_7$ や $\mathbb{Z}_{11}$ の'積の算法表'を想起してもらえれば，いいだけの話である．

[フェルマーの小定理の証明] $\overline{a}$ を $\overline{0}$ でない $\mathbb{Z}_p$ の任意の元とすると，

$$\{\overline{a} \cdot \overline{1},\ \overline{a} \cdot \overline{2},\ \cdots,\ \overline{a} \cdot \overline{p-1}\} = \{\overline{1},\ \overline{2},\ \cdots,\ \overline{p-1}\} \qquad \cdots\cdots\text{①}$$

が成り立つ．すなわち，①の左辺の各元は，右辺の各元を適当に並べ替えたものに他ならない．実際，$\overline{x} \neq \overline{y}$（$\overline{x},\ \overline{y} \in \mathbb{Z}_p$）で，かつ

$$\overline{a} \cdot \overline{x} = \overline{a} \cdot \overline{y} \qquad \cdots\cdots\text{②}$$

とすると，$\mathbb{Z}_p$ は体であったから $\overline{a}^{-1}$（$\overline{a}$ の逆元）が存在し，②の両辺に左から $\overline{a}^{-1}$ を掛けると $\overline{x} = \overline{y}$ となって，これは $\overline{x} \neq \overline{y}$ に矛盾するからである．

したがって，①の両辺の集合の各要素を掛け合わせると

$$(\overline{a} \cdot \overline{1}) \cdot (\overline{a} \cdot \overline{2}) \cdot \cdots \cdot (\overline{a} \cdot \overline{p-1}) = (\overline{1}) \cdot (\overline{2}) \cdot \cdots \cdot (\overline{p-1})$$

すなわち

$$\overline{a}^{\,p-1} \cdot \overline{1} \cdot \overline{2} \cdot \cdots \cdot \overline{p-1} = \overline{1} \cdot \overline{2} \cdot \cdots \cdot \overline{p-1}$$

が成り立つ．ここで，ウィルソンの定理(定理 6・6)を用いる[2] と

$$\overline{1} \cdot \overline{2} \cdot \cdots \cdot \overline{p-1} = \overline{-1}$$

であるから，

$$\overline{a}^{\,p-1} \cdot (\overline{-1}) = \overline{-1}$$

よって，上式の両辺に右から $(\overline{-1})^{-1}$ $(\overline{-1}$ の逆元$)$ を掛けて

$$\overline{a}^{\,p-1} = \overline{1}$$

を得る． ■

　ここで，行き掛けの駄賃ということで，**位数**という概念も紹介しておこう．p を素数とし，

$$\Gamma_p = \mathbb{Z}_p - \{\overline{0}\}$$

としよう．このとき，Γ_p の任意の元 $\overline{a}$ に対して

$$\overline{a}^{\,x} = \overline{1} \quad \cdots (*)$$

を満たす 0 でない正の整数 x が存在することは，フェルマーの小定理から明らかで，実際 $x = p-1$ はこのような正の整数の 1 つの例である．

　しかし，$\mathbb{Z}_7$ や $\mathbb{Z}_{11}$ の累乗表から分かるように，ある $\overline{a}$ については $p-1$ よりも小さい正の整数 x が存在する．

　$\mathbb{Z}_7$ の累乗表を観察してみよう．$\overline{1}^1 = \overline{1}$ は自明だが，

$$\overline{2}^3 = \overline{4}^3 = \overline{1}, \quad \overline{6}^2 = \overline{1}$$

のようになる．また，$\mathbb{Z}_{11}$ の累乗表から

$$\overline{3}^5 = \overline{4}^5 = \overline{5}^5 = \overline{9}^5 = \overline{1}, \quad \overline{10}^2 = \overline{1}$$

であることが分かる．そこで，わたしたちは，

　　$(*)$ を満たす最小の正の整数 x を

　　法 p に関する $\overline{a}$ の位数(order)[3]

---

[2] ウィルソンの定理を用いなくても，簡約律から目標の結果は得られる．

[3] 位数を'指数（index）'ということもある．

ということにする.

上の観察から分かるように, Γ_7 の元の位数は, 1, 2, 3, 6 のいずれかで, これはすべて 6 の約数であり, 面白いことに

位数 1 の $\overline{a}$ の個数は 1 ($\overline{1}$)

位数 2 の $\overline{a}$ の個数は 1 ($\overline{6}$)

位数 3 の $\overline{a}$ の個数は 2 ($\overline{2}$, $\overline{4}$)

位数 6 の $\overline{a}$ の個数は 2 ($\overline{3}$, $\overline{5}$)

となり, その個数はオイラーの関数を用いると, 順に $\varphi(1)$, $\varphi(2)$, $\varphi(3)$, $\varphi(6)$ となっている. この事情は, Γ_{11} についても同様で, 各元の位数は 10 の約数である 1, 2, 5, 10 のいずれかに等しく

位数 1 の $\overline{a}$ の個数は 1 ($\overline{1}$)

位数 2 の $\overline{a}$ の個数は 1 ($\overline{10}$)

位数 5 の $\overline{a}$ の個数は 4 ($\overline{3}$, $\overline{4}$, $\overline{5}$, $\overline{9}$)

位数 10 の $\overline{a}$ の個数は 4 ($\overline{2}$, $\overline{6}$, $\overline{7}$, $\overline{8}$)

のようになり, その個数は順に $\varphi(1)$, $\varphi(2)$, $\varphi(5)$, $\varphi(10)$ のようになる.

一般に,「p を素数とすると, 位数が $p-1$ の約数 d に等しい Γ_p の元は, $\varphi(d)$ 個存在する [4]」ことが言えるが, ここではこの事実を指摘するにとどめておく.

3. オイラーの定理

自然数 n に対して Γ_n は, 剰余環 $\mathbb{Z}_n$ の元のうち, n と互いに素なものを全て選び出して作った剰余類の集合で, これが群 (単元群) をなすことは前章で述べた通りである. そして, この群を'既約剰

---

[4] 初等的な証明については, 拙著『整数の理論と演習』の 69 ～ 71 頁を参照されたい.

余類群' といった.

Γ_6 と Γ_{10} の乗積表については前章で作ったが，以下に，これら
の'累乗表'を作ってみる．$\varphi(6)=2$, $\varphi(10)=4$ に注意しよう.

Γ_6 の累乗表

$\bar{a}$	$\bar{a}^1$	$\bar{a}^2$
$\bar{1}$	1	1
$\bar{5}$	5	1

Γ_{10} の累乗表

$\bar{a}$	$\bar{a}^1$	$\bar{a}^2$	$\bar{a}^3$	$\bar{a}^4$
$\bar{1}$	1	1	1	1
$\bar{3}$	3	9	7	1
$\bar{7}$	7	9	3	1
$\bar{9}$	9	1	9	1

さらに，前章で考えた Γ_{14} の累乗表も作ってみよう．$\varphi(14)=6$ に
注意しよう.

Γ_{14} の累乗表

$\bar{a}$	$\bar{a}^1$	$\bar{a}^2$	$\bar{a}^3$	$\bar{a}^4$	$\bar{a}^5$	$\bar{a}^6$
$\bar{1}$	1	1	1	1	1	1
$\bar{3}$	3	9	13	11	5	1
$\bar{5}$	5	11	13	9	3	1
$\bar{9}$	9	11	1	9	11	1
$\overline{11}$	11	9	1	11	9	1
$\overline{13}$	13	1	13	1	13	1

これらの累乗表から

$$\bar{a}^{\varphi(n)}=\bar{1} \ (\text{for all} \ \ \bar{a}\in\Gamma_n)$$

が成り立つと予想できるが，これがオイラーの定理である．実は証
明自体は簡単で，Γ_n が'単元群'であるという認識があれば，フェ
ルマーの小定理の場合とまったく同様に示せる.

［オイラーの定理の証明］ n を自然数とし，$\varphi(n)=f$

とする．また，

$$\Gamma_n = \{\overline{r_1}, \ \overline{r_2}, \ \cdots, \ \overline{r_f}\} \quad \text{ただし，} \quad \overline{r_1} = \overline{1}, \ \overline{r_f} = \overline{n-1}$$

とする．このとき，Γ_n の任意の元 $\overline{a}$ に対して

$$\{\overline{a} \cdot \overline{r_1}, \ \overline{a} \cdot \overline{r_2}, \ \cdots, \ \overline{a} \cdot \overline{r_f}\} = \{\overline{r_1}, \ \overline{r_2}, \ \cdots, \ \overline{r_f}\}$$

であるから

$$(\overline{a} \cdot \overline{r_1}) \cdot (\overline{a} \cdot \overline{r_2}) \cdots \cdots (\overline{a} \cdot \overline{r_f}) = \overline{r_1} \cdot \overline{r_2} \cdots \cdots \overline{r_f}$$

すなわち

$$\overline{a}^f \cdot \overline{r_1} \cdot \overline{r_2} \cdots \cdots \overline{r_f} = \overline{r_1} \cdot \overline{r_2} \cdots \cdots \overline{r_f}$$

となり，Γ_n の元は単元であるから，簡約律により

$$\overline{a}^f = \overline{1} \qquad \therefore \overline{a}^{\varphi(n)} = \overline{1}$$

を得る． ∎

　この定理において，p が素数のとき $\varphi(p) = p-1$ であるから，これよりフェルマーの小定理が得られるのは言うまでもない．

4.　オイラーの関数と直積群

　前章では Γ_{15} の乗積表を作ったが，これについても累乗表を作ってみよう．Γ_6, Γ_{10}, Γ_{14} の累乗表と比較して頂きたい．

Γ_{15} の累乗表

$\overline{a}$	$\overline{a}^{\,1}$	$\overline{a}^{\,2}$	$\overline{a}^{\,3}$	$\overline{a}^{\,4}$	$\overline{a}^{\,5}$	$\overline{a}^{\,6}$	$\overline{a}^{\,7}$	$\overline{a}^{\,8}$
$\overline{1}$	1	1	1	1	1	1	1	1
$\overline{2}$	2	4	8	1	2	4	8	1
$\overline{4}$	4	1	4	1	4	1	4	1
$\overline{7}$	7	4	13	1	7	4	13	1
$\overline{8}$	8	4	2	1	8	4	2	1
$\overline{11}$	11	1	11	1	11	1	11	1
$\overline{13}$	13	4	7	1	13	4	7	1
$\overline{14}$	14	1	14	1	14	1	14	1

81

$\varphi(15) = 8$ であるから，オイラーの定理により $\overline{x} \in \Gamma_{15}$ に対して，$\overline{x}^8 = \overline{1}$ が成り立つのは当然として，累乗表から分かる[5]ように

$$\overline{x}^4 = \overline{1} \ (\text{for all} \ \overline{x} \in \Gamma_{15})$$

も成り立っている．**なぜ，このようなことが起こったのであろうか．**

これを納得するにはやはり新しい概念が必要で，結論を先取りすれば

$$\Gamma_{15} \cong \Gamma_3 \times \Gamma_5$$

という式を理解しなければならない．右辺は Γ_3 と Γ_5 の**直積 (direct product)** と呼ばれるものであり，上式は左辺の群と右辺の直積群とが**同型 (isomorphic)** であることを主張している．これが納得できれば，オイラーの関数 $\varphi(n)$ $(n \in \mathbb{N})$ について

$$\varphi(15) = \varphi(3)\varphi(5)$$

が成り立っていることも了解できる．

a, b を任意の整数とすると，2 つの連立合同式

$$\begin{cases} x \equiv a \ (\text{mod} \, 3) \\ x \equiv b \ (\text{mod} \, 5) \end{cases}$$

を満たす整数 x は，3 と 5 が互いに素であるから必ず存在する．実際，$x - a = 3k$, $x - b = 5l$ $(k, l \in \mathbb{Z})$ とおけて，これより

$$3k + a = 5l + b \Longleftrightarrow 5l - 3k = a - b \qquad \cdots\cdots ①$$

となり，3 と 5 とは互いに素であるから

$$5l' - 3k' = 1 \qquad \cdots\cdots ②$$

を満たす整数 l', k' は存在する．したがって，②の両辺に $a - b$ を掛けて

$$5(a-b)l' - 3(a-b)k' = a - b$$

---

[5] $\overline{8} = \overline{-7}$, $\overline{11} = \overline{-4}$, $\overline{13} = \overline{-2}$, $\overline{14} = \overline{-1}$ であるから，$\overline{a}^2$, $\overline{a}^4$, $\overline{a}^6$, $\overline{a}^8$ の列の値は，$\overline{7}$ と $\overline{8}$ を区切る横線に関して，上下対称になっている，ことも分かる．

を得て，①を満たす整数 $l = (a-b)l'$，$k = (a-b)k'$ も定まる．こ
れらを l_0，k_0 とすると，$5(l - l_0) = 3(k - k_0)$ が成り立つので，
$k = 5m + k_0 \ (m \in \mathbb{Z})$ あるいは $l = 3m + l_0$ とおけて，これより

$$x = 15m + 3k_0 + a \qquad\qquad \cdots\cdots ③$$

あるいは

$$x = 15m + 5l_0 + b \qquad\qquad \cdots\cdots ④$$

となる．よって，連立合同式のを満たす整数 x は存在する．

また，x_0 が上で考えた連立合同式を満たすとき，上の考察より連
立合同式の一般解は

$$x \equiv x_0 \ (\mathrm{mod}\, 15)$$

で与えられ，③，④から

$$x_0 \equiv a \ (\mathrm{mod}\, 3) \quad かつ \quad x_0 \equiv b \ (\mathrm{mod}\, 5)$$

を満たす a, b が合同の意味で唯一通りに定まる．

上で述べたことは勿論一般化でき，これを**シナの剰余定理**
(**Chinese Remainder Theorem**)[6] ということはよく知られている．

次に2つの既約剰余類群 $\Gamma_3 = \{\overline{1}, \overline{2}\}$ と $\Gamma_5 = \{\overline{1}, \overline{2}, \overline{3}, \overline{4}\}$ の直
積について説明する．いま

$$\Gamma_2 \times \Gamma_5 = \{(\overline{a}, \overline{b}) \mid \overline{a} \in \Gamma_2, \ \overline{b} \in \Gamma_5\}$$

とし，この直積集合 $\Gamma_2 \times \Gamma_5$ の2つの元 $(\overline{a_1}, \overline{b_1})$, $(\overline{a_2}, \overline{b_2})$ に対し
て，その積を

$$(\overline{a_1}, \overline{b_1}) \cdot (\overline{a_2}, \overline{b_2}) = (\overline{a_1} \cdot \overline{a_2}, \ \overline{b_1}, \overline{b_2})$$

と定義しよう．すると直積集合 $\Gamma_2 \times \Gamma_5$ がいま定義された積・に
関して'群'をなすことは，ほとんど自明[7] だろう．そこで，Γ_{15} の
元 $\overline{x}$ に対して

---

[6] 一般の証明は拙著『整数の理論と演習』56 頁を参照されたし．

[7] 積が閉じていることも，単位元の存在も逆元の存在も明らかと言える．各自で確
認してみよ．

$$\begin{cases} x \equiv a \pmod{3} \\ x \equiv b \pmod{5} \end{cases}$$

を満たす a, b をとる．このような a, b が合同の意味でただ一通り
に存在することは先ほど見た通りである．したがってこれより写像

$$f : \Gamma_{15} \ni \overline{x} \longmapsto (\overline{a}, \overline{b}) \in \Gamma_3 \times \Gamma_5$$

を考えることができる．具体的に述べると

$1 \equiv 1 \pmod{3}, 1 \equiv 1 \pmod{5}$ より

$$f : \Gamma_{15} \ni \overline{1} \longmapsto (\overline{1}, \overline{1}) \in \Gamma_3 \times \Gamma_5$$

$2 \equiv 2 \pmod{3}, 2 \equiv 2 \pmod{5}$ より

$$f : \Gamma_{15} \ni \overline{2} \longmapsto (\overline{2}, \overline{2}) \in \Gamma_3 \times \Gamma_5$$

$4 \equiv 1 \pmod{3}, 4 \equiv 4 \pmod{5}$ より

$$f : \Gamma_{15} \ni \overline{4} \longmapsto (\overline{1}, \overline{4}) \in \Gamma_3 \times \Gamma_5$$

$7 \equiv 1 \pmod{3}, 7 \equiv 2 \pmod{5}$ より

$$f : \Gamma_{15} \ni \overline{7} \longmapsto (\overline{1}, \overline{2}) \in \Gamma_3 \times \Gamma_5$$

$8 \equiv 2 \pmod{3}, 8 \equiv 3 \pmod{5}$ より

$$f : \Gamma_{15} \ni \overline{8} \longmapsto (\overline{2}, \overline{3}) \in \Gamma_3 \times \Gamma_5$$

$11 \equiv 2 \pmod{3}, 11 \equiv 1 \pmod{5}$ より

$$f : \Gamma_{15} \ni \overline{11} \longmapsto (\overline{2}, \overline{1}) \in \Gamma_3 \times \Gamma_5$$

$13 \equiv 1 \pmod{3}, 13 \equiv 3 \pmod{5}$ より

$$f : \Gamma_{15} \ni \overline{13} \longmapsto (\overline{1}, \overline{3}) \in \Gamma_3 \times \Gamma_5$$

$14 \equiv 2 \pmod{3}, 14 \equiv 4 \pmod{5}$ より

$$f : \Gamma_{15} \ni \overline{14} \longmapsto (\overline{2}, \overline{4}) \in \Gamma_3 \times \Gamma_5$$

のようになる．この写像が‘全単射’であり，しかも‘準同型写像’
であることは，これまでの議論から明らかで，それゆえ

$$\Gamma_{15} \cong \Gamma_3 \times \Gamma_5$$

が示された，と言いたいところであるが，これらの言葉について高校生や大学初年級の学生[8]の中には知らない人もいるだろうから簡単に説明しておく．

かつては，'写像'や'全単射'という言葉は高校数学で学んでいたが，今ではまったく扱わなくなった．そんなに難しい概念でもないので，是非復活して欲しいと思っている．

2つの空でない集合 X, Y があって，X のそれぞれの元 x に対して，Y の元 y がただ1つ定まるような対応の規則 f が与えられているとき，この対応の規則を X から Y への**写像**(**mapping**)といい，

$$f:X \longrightarrow Y \quad \text{あるいは} \quad f:X \ni x \longmapsto y \in Y$$

のように表わす．x に応じて定まる y を，f による x の像といい $f(x)$ で表わす．このあたりの記法は，いわゆる'関数'とほとんど同じである．

また，$f(X) = \{f(x) \mid x \in X\}$（これを X の f による像といい，$\mathrm{Im}f$ と表わすこともある）としたとき，f が**上への写像**（**全射**）であるとは，

$$f(X) = Y \Longleftrightarrow \forall y \in Y \exists x \in X ; y = f(x)$$

が成り立つことであり，**1対1写像**（**単射**）であるとは，X の任意の元 x_1, x_2 に対して

$$x_1 \neq x_2 \Longrightarrow f(x_1) \neq f(x_2)$$

成り立つことである．そして，単射かつ全射であるとき**全単射**である，という．いうまでもなく，上で定めた写像 $f:\Gamma_{15} \longrightarrow \Gamma_3 \times \Gamma_5$ が全単射であることは直ちに確認できるであろう．

次に，G, G' を群，$X = G$, $Y = G'$ として写像 $f:G \longrightarrow G'$ を

---

[8] 今年東大理科I類に入学した教え子に，7月初旬にこれらの言葉について尋ねたところ，よく分からない，という返事が返ってきた．

考えよう. f が演算を保存し, G の任意の元 x, y に対して

$$f(xy) = f(x)f(y)$$

を満たすとき, f を**準同型写像**(homomorphism)といい, 全単射である準同型写像を**同型写像**(isomorphism)という. そして, G から G' への同型写像が存在するとき, G と G' は**同型である**といい,

$$G \cong G'$$

と書く. 要するに, 群 G の世界の住人と群 G' の世界の住人との行動様式は同じだ, と言っているに過ぎない. なお, ここでは直接には関係ないが, G' の単位元 $\{e'\}$ の原像を f の**核**(kernel)と言い, $\mathrm{Ker} f$ で表わす. すなわち

$$\mathrm{Ker} f = f^{-1}(\{e'\}) = \{x \in G \mid f(x) = e'\}$$

で, 非常に大切な集合である.

さて, いうまでもなく $f : \Gamma_{15} \longrightarrow \Gamma_3 \times \Gamma_5$ は同型写像であり, さきほど具体的に示した写像から, たとえば,

$$f(\overline{4} \cdot \overline{7}) = f(\overline{28}) = f(\overline{13}) = (\overline{1},\ \overline{3})$$

となり, 一方

$$f(\overline{4}) \cdot f(\overline{7}) = (\overline{1},\ \overline{4}) \cdot (\overline{1},\ \overline{2}) = (\overline{1},\ \overline{8}) = (\overline{1},\ \overline{3})$$

したがって,

$$f(\overline{4},\ \overline{7}) = f(\overline{4}) \cdot f(\overline{7})$$

が成立している. 一般には $f(\overline{x}) = (\overline{a_1},\ \overline{b_1})$, $f(\overline{y}) = (\overline{a_2},\ \overline{b_2})$ とすると

$$\begin{cases} x \equiv a_1 \ (\mathrm{mod}\, 3),\ x \equiv b_1 \ (\mathrm{mod}\, 5) \\ y \equiv a_2 \ (\mathrm{mod}\, 3),\ y \equiv b_2 \ (\mathrm{mod}\, 5) \end{cases}$$

であるから,

$$x \cdot y \equiv a_1 \cdot b_1 \ (\mathrm{mod}\, 3) \ \text{かつ} \ x \cdot y \equiv a_2 \cdot b_2 \ (\mathrm{mod}\, 5)$$

となり, これより

$$f(\overline{x} \cdot \overline{y}) = (\overline{a_1} \cdot \overline{b_1}, \ \overline{a_2} \cdot \overline{b_2})$$
$$= (\overline{a_1}, \ \overline{b_1}) \cdot (\overline{a_2}, \ \overline{b_2}) = f(\overline{x}) \cdot f(\overline{y})$$

となる.

以上で,本節の冒頭で提示した疑問にようやく答えることができる.

$$(\overline{a}^i, \ \overline{b}^j) = (\overline{1}, \ \overline{1}) \quad (\overline{a} \in \Gamma_3, \ \overline{b} \in \Gamma_5)$$

を満たす正の整数 i, j の最小値を考えてみよう.オイラーの定理によりそれぞれ $i = 2, j = 4$ であり,この2数の最小公倍数が4であると分かる.したがって,$\Gamma_3 \times \Gamma_5$ において

$$(\overline{a}, \ \overline{b})^4 = (\overline{a}^4, \ \overline{b}^4) = (\overline{1}, \ \overline{1})$$

となり,$\Gamma_{15} \cong \Gamma_3 \times \Gamma_5$ より,

$$\overline{x}^4 = \overline{1} \quad (\overline{x} \in \Gamma_{15})$$

となることが分かった.また,以上の考察から $\Gamma_6(\cong \Gamma_2 \times \Gamma_3)$, $\Gamma_{10} \ (\cong \Gamma_2 \times \Gamma_5)$, $\Gamma_{14} \ (\cong \Gamma_2 \times \Gamma_7)$ ではこのようなことは起こらないことも納得できるだろう.

第8章

ベルトラン・チェビシェフの定理

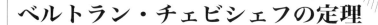

1. 既約剰余類群とオイラーの関数

自然数 $m(>1)$ を法とする剰余環 $\mathbb{Z}_m$ の元のうち，m と互いに素なものをすべて選び出して作った剰余類の集合（単元全体の集合）は群をなし，これを**既約剰余類群**といい，Γ_m と記すことは，前章で述べた．そして，Γ_{15} の累乗表を作り，
$$\Gamma_{15} \cong \Gamma_3 \times \Gamma_5 \qquad \cdots\cdots(*)$$
が成り立つことを確認した．上の場合 '3' と '5' は素数であるが，一般に次の定理が成り立つ．

> **【定理 8・1】** $m = m_1 \cdot m_2$ とし，m_1 と m_2 が互いに素ならば
> $$\Gamma_m \cong \Gamma_{m_1} \times \Gamma_{m_2}$$
> が成り立つ．

定理の証明は，前章で述べた $(*)$ の証明から容易に類推できるはずだ．証明の要になるのは，任意の整数 a, b に対して
$$\begin{cases} x \equiv a \pmod{m_1} & \cdots \text{①} \\ x \equiv b \pmod{m_2} & \cdots \text{②} \end{cases}$$
を満たす整数 x が，合同の意味で唯1通りに定まるという 'Chinese Remainder Theorem' である．これは，次のようにして簡単に示せる．すなわち，$\gcd(m_1, m_2) = 1$ であるから
$$m_1 s + m_2 t = 1$$

を満たす整数 s, t が存在し，したがって

$$x_1 = m_2 t = 1 - m_1 s \quad \text{とおくと} \quad \begin{cases} x_1 \equiv 1 \pmod{m_1} \\ x_1 \equiv 0 \pmod{m_2} \end{cases}$$

であり，また

$$x_2 = m_1 s = 1 - m_2 t \quad \text{とおくと} \quad \begin{cases} x_2 \equiv 0 \pmod{m_1} \\ x_2 \equiv 1 \pmod{m_2} \end{cases}$$

が成り立つ．それゆえ $x = ax_1 + bx_2$ とすると

$$\begin{cases} x = ax_1 + bx_2 \equiv a + 0 = a \pmod{m_1} \\ x = ax_1 + bx_2 \equiv 0 + b = b \pmod{m_2} \end{cases}$$

であるから，①，②を満たす整数 x が存在することが分かった．

　また，いま考えた x 以外に①，②を満たす整数 y が存在するとき，

$$y \equiv x \pmod{m_1}, \quad y \equiv x \pmod{m_2}$$

であり，m_1 と m_2 は互いに素であるから，$y - x$ は $m = m_1 \times m_2$ で割り切れる．すなわち

$$y \equiv x \pmod{m}$$

となる．よって①，②を満たす x は合同の意味で唯 1 通りしか存在しない．

　なお，整数 x を与えたとき，①を満たす a および②を満たす b が合同の意味において唯 1 通りに定まるのは，ほとんど自明であろう．

[**証明**]　Γ_m の任意の要素 $\bar{x}$ に対して，

$$\begin{cases} x \equiv a \pmod{m_1} \\ x \equiv b \pmod{m_2} \end{cases}$$

を満たす整数を a, b とすると，x は $m = m_1 \times m_2$ と互いに素な整数であるから $\gcd(a, m_1) = 1$，$\gcd(b, m_2) = 1$ で，したがって $\bar{a} \in \Gamma_{m_1}$, $\bar{b} \in \Gamma_{m_2}$ である．

　また，$\Gamma_{m_1} \times \Gamma_{m_2}$ の 2 つの元 $(\bar{a}, \bar{b})$, $(\bar{c}, \bar{d})$ に対して，その積・を

$$(\overline{a},\ \overline{b})\cdot(\overline{c},\ \overline{d})=(\overline{a\cdot c},\ \overline{b\cdot d})$$

のように定義し，さらに Γ_m から $\Gamma_{m_1}\times\Gamma_{m_2}$ への写像 f を

$$f:\Gamma_m\ni\overline{x}\longmapsto f(\overline{x})=(\overline{a},\ \overline{b})\in\Gamma_{m_1}\times\Gamma_{m_2}$$

のように定める．このとき

$$\begin{cases} y\equiv c\pmod{m_1} \\ y\equiv d\pmod{m_2} \end{cases}$$

とすると

$$\begin{cases} xy\equiv ac\pmod{m_1} \\ xy\equiv bd\pmod{m_2} \end{cases}$$

であるから

$$\begin{aligned} f(\overline{x}\cdot\overline{y})=f(\overline{x\cdot y})&=(\overline{a\cdot c},\ \overline{b\cdot d}) \\ &=(\overline{a\cdot c},\ \overline{b\cdot d})=(\overline{a},\ \overline{b})\cdot(\overline{c},\ \overline{d}) \\ &=f(\overline{x})\cdot f(\overline{y}) \end{aligned}$$

が成り立つ．すなわち，f は準同型写像である．

また，$\overline{x}\neq\overline{y}$ ならば，$(a,\ b)\neq(c,\ d)$ だから $f(\overline{x})\neq f(\overline{y})$（単射）で，さらに $\Gamma_{m_1}\times\Gamma_{m_2}$ の任意の元 $(\overline{a},\ \overline{b})$ に対して，

$$f(\overline{x})=(\overline{a},\ \overline{b})$$

を満たす $\overline{x}\in\Gamma_m$ が存在する（全射）ことはさきほど確認した通りである．

以上のことから，写像 f が同型写像であることが示されたので，定理は証明された． ■

この定理は次のように一般化される．すなわち，$m=m_1 m_2\cdots m_r$ とし，$m_1,\ m_2,\ \cdots,\ m_r$ が2つずつ互いに素であるならば

$$\Gamma_m\cong\Gamma_{m_1}\times\Gamma_{m_2}\times\cdots\times\Gamma_{m_r}$$

が成り立つ．証明は，上と定理の場合とほとんど同じ要領で出来る．

さて，私たちは定理8・1から直ちに，オイラーの関数についての

次のよく知られた定理を得る.

【定理8·2】 $m = m_1 m_2$ (m_1 と m_2 は互いに素) とすると
$$\varphi(m) = \varphi(m_1)\varphi(m_2)$$
が成り立つ. ただし, $\varphi(m)$ (m は正の整数) はオイラーの関数である.

［証明］ 一般に集合 X の要素の個数を $|X|$ のように表わすことにする. すると,
$$\varphi(m) = |\Gamma_m|, \quad \varphi(m_1) = |\Gamma_{m_1}|, \quad \varphi(m_2) = |\Gamma_{m_2}|$$
であるから, $\Gamma_m \cong \Gamma_{m_1} \times \Gamma_{m_2}$ より
$$|\Gamma_m| = |\Gamma_{m_1}| \times |\Gamma_{m_2}| \qquad \therefore \quad \varphi(m) = \varphi(m_1)\varphi(m_2)$$

以上で, 定理は示された. ■

もちろん, この定理も直ちに一般化できて, $m = m_1 m_2 \cdots m_r$ とし, $m_1, m_2, \cdots, m_r$ が2つずつ互いに素であるならば
$$\varphi(m) = \varphi(m_1)\varphi(m_2)\cdots\varphi(m_r)$$
が成り立つ.

p を素数, k 正の整数とすると, 1 から p^k までの整数で p^k と互いに素でないものは
$$1 \cdot p, \ 2 \cdot p, \ 3 \cdot p, \ \cdots, \ p^{k-1} \cdot p$$
の p^{k-1} 個あるので,
$$\varphi(p^k) = p^k - p^{k-1} = p^k\left(1 - \frac{1}{p}\right)$$
である. したがって, 上で考えてきたことから, 正の整数 m の素因数分解を $m = p_1^{a_1} p_2^{a_2} \cdots p_r^{a_r}$ (ただし, a_i ($i = 1, 2, \cdots, r$) は正の整数) とすると, すでに第6章で触れておいたように

$$\varphi(m) = \varphi(p_1^{a_1} p_2^{a_2} \cdots p_r^{a_r})$$

$$= p_1^{a_1}\left(1 - \frac{1}{p_1}\right) \cdot p_2^{a_2}\left(1 - \frac{1}{p_2}\right) \cdot \cdots \cdot p_r^{a_r}\left(1 - \frac{1}{p_r}\right)$$

$$= p_1^{a_1} p_2^{a_2} \cdots p_r^{a_r}\left(1 - \frac{1}{p_1}\right)\left(1 - \frac{1}{p_2}\right)\cdots\left(1 - \frac{1}{p_r}\right)$$

$$= m\left(1 - \frac{1}{p_1}\right)\left(1 - \frac{1}{p_2}\right)\cdots\left(1 - \frac{1}{p_r}\right)$$

という，よく知られた結果を得ることができる．

　オイラーの関数に関連して高校生や受験生に授業で定理 8・2 を説明するのは，案外厄介であるが，'既約剰余類群と直積という概念'を用いると，ほとんど自明になる．これが，**認識への反省から生れた抽象代数学の力**というべきであろう．

　ここまで，ウィルソンの定理やオイラーの定理，フェルマーの小定理に関連して，抽象代数学の一端を紹介してきたが，次節では少し趣向を変えて「n と $2n$ の間に素数が存在する」という，第 1 章で少し触れておいた問題を考えてみたい．

2.　ベルトラン・チェビシェフの定理
$-n$ と $2n$ の間の素数

　2011 年 6 月初旬に，一松信先生からご丁寧な御手紙を頂戴した．その御手紙で「n と $2n$ の間に素数がある」というベルトラン・チェビシェフの定理のあのポール・エルデシュ[1]による証明をご教示頂いた．それは，エルデシュが高校生の時に発見した初等的な証明で，一松先生が分かり易く手直しされて'数研通信'という小冊子に紹介さ

---

[1]　Paul Erdös(1913 ～ 1996)，'放浪の数学者'と言われ，「1996 年 9 月 20 日の死の直前まで精力的に数学を研究し，講義をしたわずか 1 時間後にワルシャワで亡くなっている（『素数大百科』）」．「数学者は，コーヒーを定理に変換する機械」という彼の言葉は有名であるが，エルデシュは，かのオイラーよりも多くの論文を発表したと言われている．

れたものである．一松先生にはすでに許可をいただいてあるので，
ここでその証明を読者諸氏といっしょに考えてみたい．

まず，n を自然数として，「n と $2n$ の間に素数がない」とすれば，
いったいどんなことが言えるのか，これを中央 2 項係数

$$_{2n}C_n = \frac{(2n)!}{n!n!}$$

を利用して考えていき，ある不等式を導くのが当面の目標になる．
しかし，先を急がずに，証明の準備のために 3 つの問題を考えてお
く．

はじめは，二項係数が整数[2]であることを，ガウス記号に慣れる
ために代数的な計算で示しておこう．

問題8·1 n と r を正の整数とし，$1 \leqq r < n$ とする．このと
き，2 項係数

$$_nC_r = \frac{n!}{r!(n-r)!}$$

は整数となることを示せ．

[解説]　1991 年の東工大入試で，n を正の整数として，「10 進法で
表わした $n!$ について，1 の位から 10^{m-1} の位までの数字がすべて 0
で，10^m の位の数字が 0 でないとき，関数 $f(n)$ の値を m」として，
$f(10^n)$ を考えさせる問題が出されたことがある．

$$10^n = 2^a 5^b l \quad (a, b, l \in \mathbb{N},\ 2 \nmid l,\ 5 \nmid l)$$

とすると，$a \geqq b$ であるから $f(10^n) = b$ で，要するに $f(10^n)$ は

$$1 \times 2 \times 3 \times \cdots \times (10^n - 1) \times 10^n$$

が，5 で最大何回割り切れるかを表わしていて，昨今ではこれは中
学入試問題でも出題される．$5^h \leqq 10^n < 5^{h+1}$ $(h \in \mathbb{N})$ とすると

---

[2]　もちろん，二項係数が整数であることは，'組合せ論的な意味' を考えれば自明で
ある．

$$f(10^n) = \left[\frac{10^n}{5^1}\right] + \left[\frac{10^n}{5^2}\right] + \cdots + \left[\frac{10^n}{5^h}\right]$$

となる．ただし，$[x]$ は実数 x を超えない最大の整数を表わす，いわゆるガウス記号である．いうまでもなく，$5^k > 10^n$ $(k \in \mathbb{N})$ のとき，$\left[\dfrac{10^n}{5^k}\right] = 0$ であるから，

$$f(10^n) = \sum_{i=1}^{h} \left[\frac{10^n}{5^i}\right] + \sum_{i=h+1}^{\infty} \left[\frac{10^n}{5^i}\right] = \sum_{i=1}^{\infty} \left[\frac{10^n}{5^i}\right]$$

と無限級数の形(実際は有限和)で表わすこともできる．

同様に考えると，正の整数 $n!$ が，$n!$ の素因数 p で最大 r 回割り切れる(この r をここでは '最高冪指数' と呼ぼう)とき

$$r = \sum_{i=1}^{\infty} \left[\frac{n}{p^i}\right]$$

が成り立つことが分かるだろう．以上のことを踏まえて，問題の証明に取り掛かろう．

一般に，任意の実数 x, y に対して，$[x+y] \geqq [x]+[y]$ が成り立つので，$n = r+(n-r)$ に注意すると，$r!(n-r)!$ のそれぞれの素因数 p に対して，

$$\left[\frac{n}{p^i}\right] \geqq \left[\frac{r}{p^i}\right] + \left[\frac{n-r}{p^i}\right] \quad (i = 1, 2, 3, \cdots)$$

であるから，

$$\sum_{i=1}^{\infty} \left[\frac{n}{p^i}\right] \geqq \sum_{i=1}^{\infty} \left[\frac{r}{p^i}\right] + \sum_{i=1}^{\infty} \left[\frac{n-r}{p^i}\right] \qquad \cdots\cdots(*)$$

ここで，$(*)$ の左辺は $n!$ を割り切る素数 p の最高冪指数を表わし，一方右辺は $r!(n-r)!$ を割り切る同じ素数 p の最高冪指数を表わしているので，$(*)$ の不等式より，$n!$ は $r!(n-r)!$ で割り切れる．

よって，${}_nC_r$ は整数である． ■

問題8·2　中央二項係数；
$$c_n := {}_{2n}C_n = \frac{(2n)!}{n!\,n!} = \frac{(n+1)(n+2)\cdots(2n-1)(2n)}{1\cdot 2\cdots\cdot n}$$
を素因数分解すると，$\sqrt{2n}$ より大きい素数は現れても p^1（最高冪指数が1）の形であり，$\sqrt{2n}$ 以下の素数が p^k の形で現れれば，$p^k \leqq 2n$ であることを示せ．

［**解説**］　c_n を素因数分解したとき，c_n を割り切る素数 p の最高冪指数は，問題8·1で考えたのと同様にして

$$\sum_{i=1}^{\infty}\left(\left[\frac{2n}{p^i}\right]-2\left[\frac{n}{p^i}\right]\right) \qquad\cdots\cdots①$$

で与えられる．ただし，この無限級数は実質的には有限和である．ここで，$\sum$ の括弧内の式

$$\left[\frac{2n}{p^i}\right]-2\left[\frac{n}{p^i}\right] \qquad\cdots\cdots②$$

に着目すると，②の値は $\dfrac{n}{p^i}$ の小数部分が 0.5 未満ならば 0，0.5 以上ならば 1 である．

さて，$p > \sqrt{2n}$ ならば $p^2 > 2n$ であるから，このような素数 p については，①に実質的に現れるのは，$i=1$ のときだけで，そのとき②の値は 0 または 1 である．

また，$p \leqq \sqrt{2n}$ なる素数 p については，

$$p^r \leqq 2n < p^{r+1}\,(r \geqq 2)$$

を満たす r が存在して，①に実質的に現れるのは，$i=1,2,\cdots,r$ のときである．それぞれの i に対して，②は 0 または 1 であるから，c_n を素因数分解したとき p^k の形で現れる場合，$k \leqq r$ であり，したがって $p^k \leqq p^r \leqq 2n$ である．よって題意は示された．■

最後に，1999年横浜国大で出題された，中央二項係数を評価する

第 8 章　ベルトラン・チェビシェフの定理

次の問題 [3] を考えておきたい.

問題8·3　2 以上の自然数 n に対して，不等式

$$\frac{2^{2n-1}}{\sqrt{n}} < \frac{(2n)!}{n!n!} < 2^{2n-1}$$

が成り立つことを，数学的帰納法により証明せよ.

[**解説**]　$n = 2$ のとき，

$$\frac{2^{2n-1}}{\sqrt{n}} = 4\sqrt{2}, \quad \frac{(2n)!}{n!n!} = 6, \quad 2^{2n-1} = 8$$

であるから，不等式は成り立つ．次に，2 以上のある n で不等式が成り立つとする．このとき，不等式の各項に $\dfrac{(2n+2)(2n+1)}{(n+1)^2}$ を掛けると

$$\frac{2^{2n}(2n+1)}{\sqrt{n}\,(n+1)} < \frac{(2n+2)!}{(n+1)!(n+1)!} < \frac{2^{2n}(2n+1)}{n+1}$$

ここで，

$$\frac{2^{2n}(2n+1)}{\sqrt{n}\,(n+1)} - \frac{2^{2n+1}}{\sqrt{n+1}}$$

$$= \frac{2^{2n}\left(\sqrt{4n^2+4n+1} - \sqrt{4n^2+4n}\right)}{\sqrt{n}\,(n+1)} > 0$$

$$2^{2n+1} - \frac{2^{2n}(2n+1)}{n+1} = \frac{2^{2n}}{n+1} > 0$$

したがって，

$$\frac{2^{2n+1}}{\sqrt{n+1}} < \frac{(2n+2)!}{(n+1)!(n+1)!} < 2^{2n+1}$$

が成り立つので，$n+1$ のときも不等式は成り立ち，題意の不等式が示されたことになる．　∎

---

[3]　余計な話であるが，現代数学社から一松先生の書簡が転送されてきたちょうどその日の予備校の授業で，この問題を解説したので偶然とは言え妙な巡り合せもあるものだ，と柄にもなく感じるところがあった.

さらに，以下の 3 つの補助定理を確認しておこう．

【補助定理 1】 $(n+1)$ 以上 $(2n-1)$ 以下の素数の積は，2^{2n-2} より小さい．ただし，該当する素数がなければ積を 1 と解釈する．

[**証明**] 問題 8·3 の結果から $n \geqq 1$ のとき

$$_{2n-1}C_n = \frac{1}{2} c_n \leqq 2^{2(n-1)} \quad \cdots ③$$

が成り立つことは，直ちに確認できる．

$$_{2n-1}C_n = \frac{(n+1)(n+2)\cdots(2n-1)}{1 \cdot 2 \cdots \cdot (n-1)}$$

を素因数分解すると，$(n+1)$ 以上 $(2n-1)$ 以下の素数は分子に 1 回現れるだけで約分されないので，③より補助定理 1 は示された．■

【補助定理 2】 1 から n までの素数の積を P_n とすると

$$P_n \leqq 2^{2n-1} = \frac{1}{2} \times 4^n$$

が成り立つ．

[**証明**] $P_2 = 2 < 2^3$，$P_3 = 6 < 2^5$，$P_5 = 30 < 2^9$ で，いまある n より小さい場合は正しいと仮定し，数学的帰納法により n のときを示す．偶数 $2m$ は素数でないから $P_{2m} = P_{2m-1}$ であり，n を奇数 $2m-1$ としてよい．帰納法の仮定から

$$P_m \leqq 2^{2m-1} \quad (m < 2m-1)$$

である．他方，$(m+1)$ から $(2m-1)$ までの素数の積は，上述の補助定理 1 により 2^{2m-2} より小さいので，$n = 2m-1$ として

$$P_n = P_{2m-1} \leqq 2^{2m-1} \times 2^{2m-2} = 2^{2n-1}$$

である．よって，不等式は示された．■

第 8 章　ベルトラン・チェビシェフの定理

【補助定理 3】　　$n \geqq 4$ のとき

$$c_n = {}_{2n}C_n > \frac{4^n}{n}$$

が成り立つ.

[証明]　$n \geqq 4$ のとき, $n \geqq 2\sqrt{n}$ であるから, 問題 8・3 の左側の不等式から

$$c_n > \frac{2^{2n-1}}{\sqrt{n}} \geqq 2^{2n-1} \cdot \frac{2}{n} = \frac{4^n}{n}$$

となり, 補助定理 3 は示された.　　　　　　　　　　　　　　　　　■

　以上で, 準備が整ったのでベルトラン・チェビシェフの定理の証明を述べる. 中央二項係数;

$$c_n = {}_{2n}C_n = \frac{(2n)!}{n!n!} = \frac{1 \cdot 2 \cdot 3 \cdot \cdots \cdot (2n-1)(2n)}{(1 \cdot 2 \cdot \cdots \cdot n)(1 \cdot 2 \cdot \cdots \cdot n)}$$

が整数であることは問題 8・1 で確認したが, これの素因数分解を考えると, 問題 8・2 で確認したように n より大きく $2n$ 以下の素数があれば, それらはすべて 1 乗の形として現れる. したがって, **n と $2n$ の間に素数がなければ, c_n は n 以下の素数の積で表わされる**はずである. 実は, もっと強いことが言えて, $\frac{2n}{3}$ より大きく n 以下の素数は, 分子に 2 回, 分母に 2 回現れ, それらは約分されてしまうので, **c_n は $\dfrac{2n}{3}$ 以下の素数の積**になる.

　さらに, 2, 3 の倍数は素数ではないので, $\sqrt{n}$ までの素数は多く見積もっても $\dfrac{\sqrt{n}}{3} + 2$ (+2 は素数 2 と 3 自身を数えたもの) となる.

　以上のことから, 次の定理 H が主張できる.

99

> **【定理 H】** もしも，n と $2n$ の間に素数がなければ，c_n は $\dfrac{2n}{3}$ 以下の素数の積で表わされる．n がある程度大きければ，$\sqrt{2n}$ 以上の素数は 1 乗の形で現れ，$\sqrt{2n}$ より小さい $\dfrac{\sqrt{2n}}{3}+2$ 個以下の各素数に対して，個々の p^k は $2n$ 以下である．したがって，補助定理 2 および 3 から
>
> $$(2n)^{\frac{\sqrt{2n}}{3}+2} \times \frac{1}{2} \times 4^{\frac{2n}{3}} \geqq c_n > \frac{4^n}{n} \qquad \cdots\cdots④$$
>
> が成立する．

上述の定理 H は，n と $2n$ の間に素数が存在しなければ④が成り立つはずだ，と述べているわけであるが，④の左端の式と右端の式の対数をとると，

$$\left(\frac{\sqrt{2n}}{3}+3\right)\log n \geqq \left(\frac{2n}{3}-\frac{\sqrt{2n}}{3}-1\right)\log 2 \qquad \cdots\cdots⑤$$

となり，$n \to \infty$ を考えると，容易に分かるように⑤の右辺の方が左辺よりも大きくなって，不等式④は破綻してしまう．では，n のどのような値から破綻するのがはっきりと認識できるのであろうか．それを調べるために，⑤において，n を x にかえて，$\dfrac{3}{x}$ を掛けた不等式を整理して得られる以下の不等式；

$$\left(\sqrt{\frac{2}{x}}+\frac{9}{x}\right)\log x+\left(\sqrt{\frac{2}{x}}+\frac{3}{x}\right)\log 2 \geqq 2\log 2 \qquad \cdots\cdots⑥$$

を考える．ここで，$y=\sqrt{x}$ とおくと

$$\frac{\log x}{\sqrt{x}}-\frac{2\log y}{y}$$

であり，よく知られているように，これは $y>e$ すなわち $x>e^2$ で単調減少関数である．したがって，ある x_0 で（⑥の左辺）＜（⑥の右辺）が成り立てば，$x \geqq x_0$ において，⑥は成立しないので矛盾，ということになる．そこで，⑥に定数 $\log_2 e$ を掛けて，⑥の対数を 2

第 8 章　ベルトラン・チェビシェフの定理

を底とする対数に直し，$x_0 = 128 = 2^7$ を代入してみる．すると⑥
の左辺は

$$\left(\sqrt{\frac{2}{128} + \frac{9}{128}}\right) \times 7 + \sqrt{\frac{2}{128} + \frac{3}{128}}$$

$$= \left(\frac{1}{8} + \frac{9}{128}\right) \times 7 + \frac{1}{8} + \frac{3}{128}$$

$$= \frac{63 + 3}{128} + \frac{7 + 1}{8} = 1 + \frac{66}{128} < 2 = 2\log_2 2$$

となり，⑥が成立しないことが分かる．　　　　　　　　　■

　以上のことから，$n \geqq 128$ ならば不等式⑤が成立しないことにな
り，$n \geqq 128$ ならば，n と $2n$ の間に素数が存在することが示された
ことになる．また，$n < 128$ のときは，素数表を実際に調べれば，
n と $2n$ の間に素数があることが容易に確認できる．したがって，
以下の定理を得る．

> **ベルトラン・チェビシェフの定理**　任意の正の整数 n に対して，
> n と $2n$ の間に素数が存在する．

　次章は，これまで考えてきたことをもとにいろいろな具体的問題
を考えながら，巡回群などについても述べていきたい．

第9章

巡回群とラグランジュの定理

1. 巡回群について

前章では n を正の整数とすると，'n と $2n$ の間には必ず素数が存在する' というベルトラン・チェビシェフの定理について考えた．この定理の証明は河田敬義著岩波講座基礎数学『数論III』[1] でも紹介してあるので，興味のある方は，一読されるといいだろう．

さて，本章では再び既約剰余類群にもどり，これを通して '部分群' や '巡回群' について考えてみたい．すでにお気付きだと思うが，既約剰余類群 $\varGamma_m$ ($m = 6, 7, 10, 11$) の累乗表から分かるように，その中の適当な1つの元の累乗で $\varGamma_m$ の全ての元が表わされることがある．このような群を '**巡回群**' といい，適当な1つの元を '**生成元**' というが，実際

$$\varGamma_6 = \{\bar{5}^1, \bar{5}^2\} = \{\bar{5}, \bar{1}\}$$
$$\varGamma_7 = \{\bar{3}^1, \bar{3}^2, \bar{3}^3, \bar{3}^4, \bar{3}^5, \bar{3}^6\} = \{\bar{3}, \bar{2}, \bar{6}, \bar{4}, \bar{5}, \bar{1}\}$$
$$\varGamma_{10} = \{\bar{7}^1, \bar{7}^2, \bar{7}^3, \bar{7}^4\} = \{\bar{7}, \bar{9}, \bar{3}, \bar{1}\}$$
$$\varGamma_{11} = \{\bar{2}^1, \bar{2}^2, \bar{2}^3, \bar{2}^4, \bar{2}^5, \bar{2}^6, \bar{2}^7, \bar{2}^8, \bar{2}^9, \bar{2}^{10}\}$$
$$= \{\bar{2}, \bar{4}, \bar{8}, \bar{5}, \bar{10}, \bar{9}, \bar{7}, \bar{3}, \bar{6}, \bar{1}\}$$

のようになっている．しかし，既約剰余類群 $\varGamma_m$ が常にこのような形で書けるか，というとそうではない．たとえば，$m = 8$ のときについて考えると

$$\varGamma_8 = \{\bar{1}, \bar{3}, \bar{5}, \bar{7}\}$$

---

[1] 第10章 321〜324頁.

のどの元についても

$$\bar{x}^2 = \bar{1} \quad \text{(for all } \bar{x} \in \Gamma_8)$$

が成り立っていて，Γ_8 の元については 1 つの元の累乗で表わすこと
はできない．実は，これは '任意の奇数の平方を 8 で割った余りは
常に 1 である' ことを表わしていることは直ちに了解できるだろう．
事実，n を整数とすると

$$(2n+1)^2 = 4n^2 + 4n + 1 = 4n(n+1) + 1$$

となり，連続する 2 整数の積 $n(n+1)$ は偶数であるから，今述べた
ことは上式からも確認できる．

　ともあれ，上の観察から Γ_m がある 1 つの元の累乗で表わされる
こともあれば，そうでないこともあることが分かるが，では，どの
ような m に対してこのように表わすことができるのであろうか？ ま
た，p を素数としたとき，Γ_p の生成元はいくつあるのだろうか？ さ
らにこのような生成元をどのようにして見つけることができるのであ
ろうか？ このような疑問が次々と浮かんでくる．しかしこれらの疑
問に答えることは，いまの段階ではそんなに易しいことではない．

　先を急がないで，これからしばらく

有限群 G の部分群 H の位数は G の位数の約数である

という**ラグランジュ**[2] **の定理**や，第 6 章の脚注でも少し触れておい
た

p を素数とすると，既約剰余類群 Γ_p は位数 $p-1$ の巡回群である

という定理の証明を目標にして，代数学のさまざまな言葉を準備し
ていきたい．

　これまで，いわゆる抽象代数学の言葉は極力避けてきたが，たと
えばラグランジュの定理を用いると，オイラーの定理は直ちに証明

---

[2] Joseph Louis Lagrange（1736 ～ 1813），フランスの数学者．変分法を創始し，代数
方程式，微分方程式，解析力学などに多大の足跡を残した．

される．フェルマーの小定理もオイラーの定理も，有限群の世界の普遍的な性質として認識し直すことが可能なのである．

また，整数 m, n に対して，n が m で割り切れることを，これまで

$$m \mid n \quad \text{とか} \quad n \equiv 0 \pmod{m}$$

のように書いてきたが，m, n の倍数全体の集合を

$$m\mathbb{Z} = \{mq \mid q \in \mathbb{Z}\}, \ n\mathbb{Z} = \{nq \mid q \in \mathbb{Z}\}$$

のように記すことにすれば，これらはそれぞれ m, n で生成された $\mathbb{Z}$ の**部分加群**[3]であり，

$$m \mid n \Longleftrightarrow n \in m\mathbb{Z} \Longleftrightarrow n\mathbb{Z} \ \text{が} \ m\mathbb{Z} \ \text{の部分群}$$

が成立するので，整数の整除関係は $\mathbb{Z}$ の巡回部分加群の包含関係に翻訳することができる．

この例からも分かるように，このような '捉え直し' を行うには，いま少し抽象代数学の知識が必要である．これからしばらくは，'**数論の自意識**' ともいうべき**抽象代数学**の初歩について解説していく．

2. 部分群

まず '部分群' という言葉について説明しておこう．群 G の空でない部分集合 H が，G の演算に関して群となるとき，H を G の**部分群**（subgroup）という．このとき，以下の定理が成立する．

【定理 9・1】 G の空でない部分集合 H が部分群をなすための必要十分条件は以下の 2 条件である．すなわち
(1) $x, y \in H \Longrightarrow xy \in H$
(2) $x \in H \Longrightarrow x^{-1} \in H$

---

[3] 加法（＋）の定義された群の部分群．なお，$\mathbb{Z}$ の部分加群はすべて環 $\mathbb{Z}$ のイデアルである．イデアルという言葉は第 5 章ですでに紹介した．

要するに H が G の演算に関して閉じていて，また逆元が H に入っていることが，部分群であるための必要十分条件だと主張しているのである．

[**証明**]　H が部分群であるとすると，群の定義から (1), (2) が成り立つのは明らかであろう．

逆に (1), (2) が成り立つとする．(1) により H は半群をなし，(2) より $x \in H$ ならば $x^{-1} \in H$ であるから，H は単位元 $e = xx^{-1}$ を含み，さらに (2) により，H の任意の元 x の逆元の存在が保証されているので，H は群をなす．　■

条件 (1), (2) は
$$x, y \in H \Longrightarrow xy^{-1} \in H$$
のように言い直すことができるのは明らかであろう．証明は簡単であるから，各自で確認しておいてほしい．

上の定理から，明らかに‘群とその部分群は単位元を共有する’ことが分かり，また，群 G の単位元だけからなる集合 $E = \{e\}$ は，G の部分群であることが分かる．一般に単位元のみからなる群を**単位群**といい，本書では E と表わすことにする．

なお，加法に関する群 G (これを加群[4] あるいは加法群[5] というが，これらの言葉は第 4 章で説明した) の空でない部分集合 H が部分群を作る必要十分条件は

(3)　$x, y \in H \Longrightarrow x + y \in H$

(4)　$x \in H \Longrightarrow -x \in H$

のようになる．もちろん (3) は (1) に，(4) は (1) にそれぞれ対応している．

以下の定理は群の生成系 (これについては後ほど説明する) を考える場合に重要になる．

---

[4]　module

[5]　additive group

第 9 章　巡回群とラグランジュの定理

【定理 9・2】　群 G の有限個，または無限個の部分群の共通部分は，G の部分群になる.

　ここでは，有限個の場合のみについて証明しておくが，無限個の場合も証明の流れは同じである.

[証明]　群 G の $n\,(\in \mathbb{N})$ 個の部分群を $H_1, H_2, \cdots, H_n$ とし，
$$H = \bigcap_{i=1}^{n} H_i$$
とおく.　このとき，G の単位元 e は n 個の部分群 $H_i\,(i = 1, 2, \cdots, n)$ に共有されているので，$e \in H$ となり，したがって $H \neq \emptyset$ である.　また
$$x, y \in H \Longleftrightarrow [x, y \in H_i(\forall i) \Longrightarrow xy^{-1} \in H_i(\forall i)]$$
$$\Longleftrightarrow xy^{-1} \in H$$
であるから，H は G の部分群となる.　■

　次の定理は，定理 9・1 の集合による表現である.

【定理 9・3】　H を群 G の空でない部分集合とする.　このとき
$$H\text{ が } G \text{ の部分群} \Longleftrightarrow HH = H^{-1} = H$$
が成り立つ.　ただし，
$$HH = \{xy \mid x \in H,\ y \in H\},$$
$$H^{-1} = \{x^{-1} \mid x \in H\}$$
である.

[証明]　H が群 G の部分群であるとする.　$e \in H$（e は単位元）に対し，$He = \{xe \mid x \in H\}$ とすると，H は G で定義された算法に関して閉じているので
$$H = He \subset HH \subset H \qquad \therefore\ HH = H$$

107

また, H の逆元は H の元であるから, $H^{-1} \subset H$ が成り立ち, 一方

$$H = (H^{-1})^{-1} \subset H^{-1} \qquad \therefore \quad H \subset H^{-1}$$

したがって, $H^{-1} = H$ が成り立つ.

逆に, $HH = H^{-1} = H$ であれば明らかに H は G の部分群である. ∎

3. 巡回群と生成系

X を群 G の空でない部分集合とする. このとき, X を含む G のすべての部分群の共通部分を $\langle X \rangle$ で表わす. したがって

$\langle X \rangle$ は X を含む G の部分群のうち最小のもの

である. $\langle X \rangle$ を X によって生成された G の部分群[6]といい, X を $\langle X \rangle$ の**生成系**という.

有限個の元から成る生成系をもつ群を**有限生成群**といい,

$$X = \{x_1, x_2, \cdots, x_n\}$$

のとき,

$$\langle X \rangle = \langle x_1, x_2, \cdots, x_n \rangle$$

と記すが, $\langle X \rangle$ が

$$\langle X \rangle = \bigcup_{n=1}^{\infty} \{x_1^{\pm 1} \cdots x_n^{\pm 1} \mid x_i \in X\}$$

$$= \bigcup_{n=1}^{\infty} \{y_1 \cdots y_n \mid y_i \in X \cup X^{-1}\}$$

$$= \bigcup_{n=1}^{\infty} \{z_1^{k_1} \cdots z_n^{k_n} \mid z_i \in X, \ k_i \in \mathbb{Z}\}$$

---

[6] subgroup of G generated by X.

のように表わされることは，証明するまでもなくほとんど自明であろう．

なお，特に $\langle x \rangle (x \in G)$ のとき，これを **x で生成された巡回部分群**といい，x をその部分群の**生成元** (generator) という．また，$G = \langle x \rangle$ となる x が存在するとき，G を**巡回群** (cyclic group) という．

たとえば，Γ_5 においては

$$\overline{2}^1 = \overline{2}, \quad \overline{2}^2 = \overline{4}, \quad \overline{2}^3 = \overline{3}, \quad \overline{2}^4 = \overline{1},$$
$$\overline{3}^1 = \overline{3}, \quad \overline{3}^2 = \overline{4}, \quad \overline{3}^3 = \overline{2}, \quad \overline{3}^4 = \overline{1}$$

であるから，Γ_5 は $\overline{2}$ あるいは $\overline{3}$ を生成元とする位数 4 の巡回群であり，したがって，

$$\Gamma_5 = \langle \overline{2} \rangle = \langle \overline{3} \rangle$$

のように表わされる．また Γ_{11} は位数 10 の巡回群で，その生成元は $\overline{2}, \overline{6}, \overline{7}, \overline{8}$ であるから

$$\Gamma_{11} = \langle \overline{2} \rangle = \langle \overline{6} \rangle = \langle \overline{7} \rangle = \langle \overline{8} \rangle$$

のように表わすことができる．

さらに，整数の集合 $\mathbb{Z}$ を加法（＋）についての群と考えると

$$\mathbb{Z} = \{ k \cdot 1 \mid k \in \mathbb{Z} \}$$

であるから，$\mathbb{Z}$ は '1' で生成される**無限巡回群**である．

次の定理は基本的だが，重要である．

【定理 9・4】 x を群 G の元とすると
$$\langle x \rangle = \{ x^k \mid k \in \mathbb{Z} \} \quad \cdots (*)$$
が成り立つ．またこの群はアーベル群（可換群）である．

[**証明**] $(*)$ の右辺を H とおく．$\langle x \rangle$ は x を含む G の部分群であるから，x と x^{-1}（x の逆元）の有限個の積はすべて $\langle x \rangle$ に属する．したがって $H \subset \langle x \rangle$ である．

一方，$u, v \in H$ とすると，H の定め方から $uv^{-1} \in H$ となるの

で, H は G の部分群である. したがって, $x \in H$ より, H は G の部分群で x を含む. よって, $\langle x \rangle \subset H$ となり, $\langle x \rangle = H$ が示された.

また, 可換性は, 指数法則から明らかに成り立つので, $\langle x \rangle$ はアーベル群である. ∎

4. 剰余類

整数 $\mathbb{Z}$ の世界では, 整数 m と $x \in \mathbb{Z}$ に対して
$$\bar{x} = \{x + mk \mid k \in \mathbb{Z}\}$$
を x の m を法とする剰余類(合同類)と定義した. すなわち
$$x \text{ 含む剰余類} = \{y \mid y \equiv x \pmod{m}\}$$
$$= x + m\mathbb{Z} = \{x + mk \mid k \in \mathbb{Z}\}$$
であった. ここで, $x\mathbb{Z}$ が部分加群であることはすでに述べたが, これと同様に, (乗法)群 G の部分群 H に対して, 剰余類を定義していくことにする. 老婆心ながら注意しておくと, 以下の議論では
$$xH \text{ (あるいは } Hx) \text{が}, \quad x + m\mathbb{Z} \text{ に対応}$$
している.

H を群 G の部分群とする. このとき, $x \in G$ に対して
$$G \text{ の部分集合 } xH = \{xh \mid h \in H\}$$
$$\text{を } H \text{ を法とする } x \text{ の } \textbf{左剰余類} [7]$$
$$G \text{ の部分集合 } Hx = \{hx \mid h \in H\}$$
$$\text{を } H \text{ を法とする } x \text{ の } \textbf{右剰余類} [8]$$
という. G がアーベル群であれば,
$$xH = Hx \quad (x \in G)$$

---

[7] left coset modulo H

[8] right coset modulo H

であるから，剰余類に左右の区別は必要ない．わたしたちがこれから考えていく群はほとんどすべてアーベル群であるから，今後特別の注意をしない場合は左右の区別はしないことにする．また，先ほども指摘したように，G が加群の場合は，剰余類は

$$x + H \quad （先ほどの例では，H = m\mathbb{Z}）$$

の形となり，この場合も左右の区別は不要である．

G の 2 つの元 x, y に対して，関係 $\sim$ を

$$x \sim y \Longleftrightarrow x^{-1}y \in H$$

と定義し，このことを，整数論の合同式に似せて

$$x \equiv y \pmod{H}$$

のように書くことにする．この関係が'同値関係'であることは明らかである．実際，

$$x^{-1}x = e \in H \quad \therefore \quad x \sim x$$

であり，また $x \sim y$，すなわち $x^{-1}y \in H$ とすると

$$(x^{-1}y)^{-1} = y^{-1}(x^{-1})^{-1} = y^{-1}x \in H$$

$$\therefore \quad y \sim x$$

である．さらに，$x \sim y$ かつ $y \sim z$，すなわち $x^{1}y \in H$ かつ $y^{-1}z \in H$ とすると，

$$(x^{-1}y)(y^{-1}z) = x^{-1}z \in H \qquad \therefore \quad x \sim z$$

となって，反射律，対称律，推移律を満たしていることが分かる．

この $\sim$ を，**H を法とする左合同** [9] と呼ぶ．以上のことから

$$xH = \{y \mid y \in G, \ x \sim y\}$$
$$= \{y \mid y \in G, \ x \equiv y \pmod{H}\}$$

と分かり，はじめにも述べたように xH は同値類の一種であり，これを'H を法とする左剰余類'と命名したことも納得できるのではないかと思う．この同値類については次の関係が成立する．すなわち

---

[9] 右合同も同様に定義できる．

(1) $y \in xH \Longleftrightarrow x^{-1}y \in H \Longleftrightarrow xH = yH$

(2) $y \notin xH \Longleftrightarrow x^{-1}y \notin H \Longleftrightarrow xH \neq yH$
$$\Longleftrightarrow xH \cap yH = \emptyset$$

が成り立つことは容易に確認できるであろう.

　この同値関係による商集合 $G / \sim$ を G/H と書く. すなわち
$$G / \sim = G/H = \{xH \mid x \in G\}$$
であり, G/H の完全代表系を X とすると,
$$G = \bigcup_{x \in X} xH$$
のようになる.

　　　群 G の部分群 H に関する異なる左剰余類の個数を
　　　G における H の指数(index)

といい, これを $(G:H)$ と表わす. すなわち
$$(G:H) = |G/H|$$
が成り立つ. ただし, $|G/H|$ は商集合 G/H の要素の個数を表わす
ものとする. たとえば, m を正の整数とすると
$$(\mathbb{Z}:m\mathbb{Z}) = |\mathbb{Z}/m\mathbb{Z}| = m$$
である. G が有限群であれば, この指数は有限であるが, しかし指
数は常に有限であるとは限らず, 無限になることもある.

　以後, 群 G 要素の個数(集合論的に'濃度'といってもよい)を
$|G|$ で表わすことにするが, これを G の位数(order)ということは
既に述べた. 次の定理は本章の初めに述べたラグランジュの定理を
証明するにあたって重要なポイントになる.

【定理9・5】　群 G の有限部分群を H とする. このとき,
$$|xH| = |H| \quad (\forall x \in G)$$
が成立する. すなわち H を法とする任意の左剰余類 xH に含ま
れる元の個数は, すべて $|H|$ に等しい.

第 9 章　巡回群とラグランジュの定理

［証明］　写像 $f : H \ni h \longmapsto xh \in xH$ が全単射であることを示して
おけばよい. xH の任意の元を $y \in xH$ とすると, $x^{-1}y \in H$ であ
るから, f は全射である.

次に $h, h' \in H$ とする. このとき, 簡約律を用いると
$$f(h) = f(h') \Longleftrightarrow xh = xh' \Longleftrightarrow h = h'$$
すなわち対偶を考えると「$h \neq h'$ ならば $f(h) \neq f(h')$ である」から,
f は単射である.

よって, f が全単射であることが分かり, 定理は証明された. ∎
この定理から次の定理が得られる.

【定理 9·6】　G を有限群, H をその部分群とすると
$$|G| = (G : H)|H|$$
が成り立つ.

［証明］　G は, $(G : H)$ 個の左剰余類に分割されるが, 定理 9·5 に
より, それぞれの剰余類はすべて $|H|$ 個の元をもつ. よって, 定理
の等式が成立する. ∎

この定理により, 次のラグランジュの定理が成り立つことが直ち
に了解できる.

【定理 9·7 (Lagrange)】　有限群 G の部分群 H の位数 $(=|H|)$
は, G の位数 $(=|G|)$ の約数である.

上の定理から H が有限群 G の部分群であれば, $|H|$ は $|G|$ の約
数であるが, $|G|$ の任意の約数 k に対して, $|H| = k$ となる部分群
が常に存在するとは限らない, ことはここで注意しておこう.

次の定理は, ラグランジュの定理から直ちに得られる, 位数が素
数の群に関する重要な定理である.

113

【定理9·8】 位数が素数の群は巡回群であって，その部分群は E と自分自身以外に存在しない．

[証明] 群 G の位数を p（p は素数）とし，H を G の部分群とする．すると，定理9·7より，$|H|$ は p の約数であるから，$|H| = 1$ または p である．すなわち，$H = E$ または $H = G$ となる．ここで，$G \ni x \ne e$（E は単位元）をとれば，$\langle x \rangle \ne E$ であるから，$\langle x \rangle = G$ となる．よって，G は巡回群である． ■

この定理は，素数 p の約数が 1 と p 自身以外に存在しないことに依拠した定理で，この素数の性質の '群' による表現とみることもできる．

最後に，位数に関する簡単な問題を1つ考えてみよう．

問題9·1 G を群，H をその部分群とするとき，以下のことが成り立つことを証明せよ．
(1) $(G : E) = |G|$
(2) $(G : H) = 1 \Longleftrightarrow H = G$
(3) $(G : H) = 2$ ならば $xH = Hx \, (\forall x \in G)$

[解説]
(1) 写像 $\pi : G \ni x \longmapsto \pi(x) = xE \in G/E$ を考えると，この写像は全単射である．よって，$(G : E) = |G|$ を得る．なお，ここで考えた写像 π を**自然写像**という．

(2) $(G : H) = 1$ である必要十分条件は，G の任意の元 x に対して $xH = G$ が成り立つことである．したがって

$$xH = H(\forall x \in G) \Longleftrightarrow x \in H(\forall x \in G)$$
$$\Longleftrightarrow H = G$$

より，題意は示された．

(3) $x \in H$ ならば明らかに $xH = Hx$ であるから， $x \notin H$ すなわち $x \in G-H$ とする．このとき， $H \neq xH$ かつ $H \neq Hx$ であるから，

$$G = H \cup xH \ (H \cap xH = \emptyset),$$
$$G = H \cup Hx \ (H \cap Hx = \emptyset)$$

が成り立ち，

$$xH = Hx = G-H \ ^{10}$$

を得る． ■

群 G の部分群 H が(3)で登場した等式

$$xH = Hx \,(\forall x \in G)$$

を満たすとき，H を**正規部分群**（**normal subgroup**）という．そして E と G 以外に正規部分群を持たない G を**単純群**（**simple group**）というが，定理 9・8 で確認したように素数位数の群は単純群である．

鈴木通夫氏（1926～1998））によると「有限単純群を調べ，単純群を分類することが有限群論の中心問題[11]」であり，いささか古い話だがいわゆる「散在する単純群」は「1977 年 1 月現在 26 個が得られている[12]」とのこと．これについて興味を持たれた方は，鈴木氏の一千頁近くある『群論・上下』（岩波書店）にあたられてみるとよいだろう．

---

[10] G と H の差集合
[11] 鈴木通夫著『群論・上』（岩波書店）356 頁．
[12] 『群論・上』373 頁．

第10章

準同型定理と有限巡回群

1. 巡回群の基本的性質

前章では,「有限群 G の部分群 H の位数は, G の位数の約数である」という定理を考えたが, 本章の目標は, p が素数のとき

既約剰余類群 Γ_p が位数 $p-1$ の巡回群である

ことを証明することである.

以下, 巡回群についての一般的な性質について述べていくが, 巡回群の一つのモデルとして, 複素数の乗法群 $\mathbb{C}^* = \mathbb{C} - \{0\}$ の巡回部分群である, 1 の $n (\in \mathbb{N})$ 乗根全体からなる集合 U_n を思い描いておけばいいかもしれない. これは, よく知られているように $e^{\frac{2\pi i}{n}} = \cos \frac{2\pi}{n} + i \sin \frac{2\pi}{n}$ を生成元とする巡回群, すなわち

$$U_n = \langle e^{\frac{2\pi i}{n}} \rangle = \left\langle \cos \frac{2\pi}{n} + i \sin \frac{2\pi}{n} \right\rangle$$

に他ならない. たとえば $n = 6$ とすると, U_6 は複素数平面の原点を中心とする単位円周を 6 等分する点からなる位数 6 の巡回群であり,

$$\alpha = e^{\frac{2\pi i}{6}} = \cos \frac{2\pi}{6} + i \sin \frac{2\pi}{6}$$

とおくと, $\alpha^6 = 1$ (α の位数は 6) であり,

$$U_6 = \{1,\ \alpha,\ \alpha^2,\ \alpha^3,\ \alpha^4,\ \alpha^5\}$$

となる. そして, U_6 の生成元には α のほかに $\alpha^5 (= \alpha^{-1})$ があり, さらに U_6 の部分群をすべて挙げると

$$\langle 1 \rangle,\ \langle \alpha^2 \rangle,\ \langle \alpha^3 \rangle,\ U_6$$

となる．こうしたモデルを頭に置いておくと，以下の命題群が理解し易くなるはずである．

まず，「巡回群の部分群は，巡回群である」という命題を証明するために，次の定理を示しておく．

【定理 10・1】 整数の集合 $\mathbb{Z}$ を加法（＋）についての群と考えると，その部分加群は $m\mathbb{Z}\,(m \in \mathbb{Z})$ の形である．

証明するまでもない，ほとんど自明な命題であろうが，一応以下に証明を示しておく．

［**証明**］ M を $\mathbb{Z}$ の部分群とする．M が '0' のみからなる群であれば，$0\mathbb{Z}$ の形になるので，$M \neq 0\mathbb{Z}$ とする．このとき，M に属する最小の正の整数を m とすると，$M = m\mathbb{Z}$ となる．

実際，$m \in M$ であるから，$m\mathbb{Z}$ は M の部分群である．したがって $m\mathbb{Z} \subset M$ である．

逆に，M の任意の元を n とし，n を m で割った商を q，余りを $r\,(0 \leq r < m)$ とする．すなわち

$$n = mq + r$$

とすると，$r = n - mq \in M$ であるから m の最小性から，$r = 0$ である．したがって，$n = mq \in m\mathbb{Z}$ となり，$M \subset m\mathbb{Z}$ である．

よって，$M = m\mathbb{Z}$ を得る． ■

この定理の証明のポイントは m の最小性であるが，これに関連して 86 年お茶の水大の理学部数学科で次のような問題が出されているので紹介しておこう．

第 10 章　準同型定理と有限巡回群

問題 10・1　自然数を要素とする空集合でない集合 G が次の条件（Ⅰ），（Ⅱ）を満たしているとする．

（Ⅰ）m, n が G の要素ならば，$m+n$ は G の要素である．

（Ⅱ）m, n が G の要素で $m > n$ ならば，$m-n$ は G の要素である．

　　このとき，G の最小の要素を d とすると $G = \{\, kd \mid k$ は自然数 $\}$ であることを証明せよ．

[**解説**]　$G = d\mathbb{N}$（$\mathbb{N}$ は自然数全体の集合）となることを示せ，というもので，G を整数の空でない部分集合とし，条件（Ⅱ）の'$m > n$'を削ってしまえば，$G = d\mathbb{Z}$ となり，基本的には上の定理と同趣旨の問題である．

　$d \in G$ と（Ⅰ）より，明らかに $d\mathbb{N} \subset G$ が成り立つ．

　逆に G の任意の元を $g = kd + r\,(0 \leqq r < d)$ とする．ここで，$r \neq 0$ とすると，$g, kd \in G$ であり，$g > kd$ であるから（Ⅱ）より $r = g - kd \in G$ となり，これは d の最小性に反する．したがって，$r = 0$ で，$g = kd \in d\mathbb{N}$，すなわち $G \subset d\mathbb{N}$ となる．以上から題意は示された．　　　　　　　■

　次に，巡回群の部分群が巡回群であり，またその準同型像も巡回群であることを確認しておこう．U_6 の部分群を想起されたし．

【定理 10・2】　G を巡回群とする．このとき，G の部分群は巡回群であり，G の準同型像も巡回群である．

[**証明**]　$G = \langle x \rangle$ とし，H を G の部分群とする．このとき，写像

$$f: \mathbb{Z} \ni k \longmapsto x^k \in G$$

119

を考えると，これは全準同型写像（上への写像かつ準同型写像）である．したがって，$M = f^{-1}(H)$（H の原像）とおくと，M は $\mathbb{Z}$ の部分群[1]であり，$f(M) = H$ となる．

ここで定理 10·1 より $M = m\mathbb{Z}\,(m \in M)$ の形をしているから，

$$H = f(M) = \langle x^m \rangle$$

となり，H は巡回群となる．

また，$g : G \longrightarrow G'$ を準同型写像とすると，

$$g(G) = g(\langle x \rangle) = \langle g(x) \rangle$$

となり，$g(G)$ も巡回群となる． ∎

ここで，次の定理のために'位数'という言葉を確認しておく．x を群 G の元とするとき，

　　　x で生成される巡回群 $\langle x \rangle$ の濃度 $|\langle x \rangle|$ を，x の位数

という．

これまで，'位数'という言葉は'群 G の位数'，という風に使ってきたが，ここでは'x の位数'という言葉遣いに注意してほしい．巡回群の場合，$|\langle x \rangle|$ と $x^k = 1$（これまで，群 G の単位元は e と書いてきたが，以後必要に応じて'1'と書くことにする）となる自然数 k の最小値とは一致するからである．以下は，これにまつわる定理である．

---

[1]　一般に，$f : G \to G'$ を準同型写像とするとき，H が G の部分群であるならば，$f(H)$ は G' の部分群であり，また H' が G' の部分群であれば，その原像 $f^{-1}(H')$ は G の部分群となる．証明は簡単でここでは割愛するが，少々荒っぽいことを言えば，これらの事実は直感的にも明らかであろう．各自で証明を試みられたい．

第 10 章　準同型定理と有限巡回群

【定理10·3】　x を群 G の元とし，m を 1 より大きい整数とすると，以下の条件 (1) ～ (3) は同値である．ただし，'1' は群 G の単位元である．

(1) m は，$x^k = 1$ を満たす正整数 k の最小値である．

(2) $x^k = 1 \Longleftrightarrow m \mid k$ (k が m で割り切れる)．

(3) m は x の位数である．すなわち，$m = |\langle x \rangle|$.

[**証明**]　この定理の証明においても，定理 10·2 と同様に写像

$$f : \mathbb{Z} \ni k \longmapsto x^k \in \langle x \rangle$$

を考える．この写像が全準同型であり，

$$\mathrm{Ker} f = \{ k \in \mathbb{Z} \mid x^k = 1 \}$$

であることを注意しておきたい．$\mathrm{Ker} f$（f の kernel）については，第 7 章ですでに述べてある．

　なお，以下の証明では**準同型定理**と言われる代数学においては極めて基本的な定理（直観的には容易に理解できるだろう）が登場するが，これについては次節で解説する．

(1) ⇒ (2) の証明：(1) が成り立つとき，m が $\mathrm{Ker} f$ に属する最小の正の整数であるから，定理 10·1 の考察により，$\mathrm{Ker} f = m\mathbb{Z}$ が成立する．よって，$m \mid k$ が成り立つので (2) が成り立つ．

(2) ⇒ (3) の証明：条件 (2) は，$\mathrm{Ker} f = m\mathbb{Z}$ を意味しているので，'準同型定理' により

$$\langle x \rangle \cong \mathbb{Z} / \mathrm{Ker} f = \mathbb{Z} / m\mathbb{Z} = \mathbb{Z}_m$$

であるから，$m = |\langle x \rangle|$ を得る．

(3) ⇒ (1) の証明：$|\langle x \rangle| = m$ であるとき，写像

$$f : \mathbb{Z} \ni k \longmapsto x^k \in \langle x \rangle$$

は単射ではない．実際，$\langle x \rangle$ の位数が m であるから，$x^l = x^k$ とな

る k とは異なる整数 l が存在する．したがって，$\mathrm{Ker} f \neq \{0\}$ であり，$\mathrm{Ker} f$ に属する最小の正の整数を n とすると，$\mathrm{Ker} f = n\mathbb{Z}$，すなわち $\langle x \rangle \cong \mathbb{Z}_n$ となって，位数を比較して，$n = m$ となる．　■

この定理より，直ちに次の定理を得る．

【定理 10·4】 G を位数 m の群とすると，G の任意の元について $x^m = 1$ が成立する．

証明するまでもない．$|\langle x \rangle|$ は m の約数であるから，定理 10·3 より $x^m = 1$ を得る．

2. 準同型定理

大学の代数学で，もっとも基本的かつもっとも重要な定理の 1 つが '準同型定理' であろう．これは言わば，**ごく素朴に無自覚に行っていた物事の分類作業の意識化，顕在化であり，その方法の自覚された認識から生れてくる '定理'** ということもできる．その意味では大学数学全般における基本中の基本であろう．

たとえば，Ω をある時点における 70 億の地球人すべての集合としよう．そして，仮に Ω の要素である任意の 2 人の人間 x, y について，x と y の関係 R を，

$$xRy \iff (x \text{ の国籍}) = (y \text{ の国籍})$$

のように定義しておこう．勿論，任意の人間についてその人の国籍はただ 1 通りに定まる，ということは仮定しておく．このとき，上で定めた関係 R は明らかに '同値関係' であるから，これを $\sim$ と記すことにしよう．このとき

$$\Omega / \sim = \{\overline{x} \mid x \in \Omega\}$$

を Ω の'商集合'といい，$\bar{x}$ を x の'同値類'ということは既に述べたことである．そして，証明は簡単なので割愛するが，x を含む同値類は $\bar{x}$ 以外にないので，

$$\pi : \Omega \ni x \longmapsto \bar{x} \ni \Omega/\sim$$

なる全射が確定する．これを

$$\Omega \text{ から商集合 } \Omega/\sim \text{ への\textbf{自然写像}}^{\,2}$$

という．また，各同値類から1つずつ選出した代表元 ($\bar{x}$ に属する任意の元) の集合を $\Omega/\sim$ の'完全代表系'ということも既に述べた．

　要するに，易しく述べれば'自然写像'とはその人の国籍を確定することであり，それはその人をその人の属す国に写像する，ということに他ならない．このように考えると，わたしたちの分類作業のほとんどがある意味では'写像'であると言い得るかもしれない．

　また，商集合 $\Omega/\sim$ とは，その時点における地球上の'国の集合'であり，完全代表系とは，たとえば各国から選出したミスたち，すなわち

$$\{ \text{ミス日本，ミス米国，ミス印度，ミス西班牙}, \cdots \}$$

と思っておいてよいが，$\mathbb{Z}_m$ の完全代表系が

$$\{0, 1, \cdots, m-1\}$$

であることは既にわたしたちの知るところである．

　さて，上で述べた自然写像について以下の定理が成立する．

---

[2] natural map.

【定理 10·5】 '～' を集合 Ω における同値関係とする．このとき，写像
$$f : \Omega \longrightarrow \Omega'$$
が，条件 ' $x \sim y \Rightarrow f(x) = f(y)$ ' を満たせば，写像
$$\overline{f} : \Omega/\sim \ni \overline{x} \longmapsto f(x) \in \Omega'$$
が定義される．すなわち，$\pi : \Omega \ni x \longmapsto \overline{x} \in \Omega/\sim$ を自然写像とすると
$$f = \overline{f}\pi$$
が成立する．

[**証明**] わざわざ証明するまでもないほど明かで，f の定め方より写像 $\overline{f}$ が定義され，Ω の任意の元 x について
$$f(x) = \overline{f}(\overline{x}) = \overline{f}(\pi(x)) = \overline{f}\pi(x)$$
より，$f = \overline{f}\pi$ が成り立つ． ■

なお，この定理は，下図の図式[3]を可換にするような写像 $\overline{f} : \Omega/\sim \longrightarrow \Omega'$ の存在を示している．

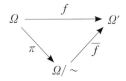

上の定理の主張していることを大雑把に言えば，Ω' をたとえば各国の国旗の集合だとすると，x という人の属する国家（x の同値類 $\overline{x}$）を，その国の国旗 $f(x)$ に対応させることができる，そのような写像を考えることができる，と述べているに過ぎない．なお $\overline{f}$ を

---

[3] いくつかの集合を表わす文字と，それらの間の写像を表わす図形を**図式**といい，図式中のある集合からもう1つの集合に，どのような矢線を辿ってもその結果が一致するとき，その図式は**可換**であるという．

第 10 章　準同型定理と有限巡回群

f から $\Omega/\sim$ 上に引き起こされた写像という.

上の定理では, '$x \sim y \Rightarrow f(x) = f(y)$' となっていたが,

$$f(x) = f(y) \Rightarrow x \sim y$$

とすると, 単射を引き起こす. 実際

$$\overline{f}(\overline{x}) = \overline{f}(\overline{y}) \Longleftrightarrow f(x) = f(y)$$
$$\Longleftrightarrow x \sim y \Longleftrightarrow \overline{x} = \overline{y}$$

となり, $\overline{f}$ が単射であることが分かる. これを以下に定理としてま
とめておく.

【定理 10·6】 $f : \Omega \longrightarrow \Omega'$ を写像とし, Ω の元 x, y に対し
て $f(x) = f(y)$ のとき $x \sim y$ と定義すると, これは 同値関係で
あって, 写像 f は

$$\overline{f} : \Omega/\sim \ni \overline{x} \longmapsto f(x) \in \Omega'$$

なる単射を引き起こす.

さきほど自然写像について述べたが, 次の定理も是非確認してお
きたい命題である.

【定理 10·7】 G を群, H を G の正規部分群とすると, 自然
写像

$$\pi : G \ni x \longmapsto xH \in G/H$$

は, G から剰余群 G/H への全準同型写像であり, $\mathrm{Ker}\,\pi = H$
となる.

[**証明**]　剰余群の演算の定義から

$$\pi(x)\pi(y) = xHyH = xyH = \pi(xy)$$

であるから, π は全準同型写像である. また, kernel の定義から

$$\mathrm{Ker}\,\pi = \{x \in G \mid xH = 1H\}$$
$$= \{x \in G \mid x \in H\} = H$$

125

を得る. ■

　この定理で登場した自然写像 π を**自然準同型写像**という. また
ここで, 次の定理のために注意しておきたいことは,

　　　　準同型写像 $f : G \longmapsto G'$ の $\mathrm{Ker}\, f$ は正規部分群

である, ということだ. これは, x を G の任意の元, $a \in \mathrm{Ker}\, f$ と
すると, $f(a)$ は G' の単位元 '$1_{G'}$' であるから

$$f(xax^{-1}) = f(x)f(a)f(x^{-1}) = f(x)f(x)^{-1} = 1_{G'}$$

となり, これより G の任意の元 x について

$$xax^{-1} \in \mathrm{Ker}\, f \Longleftrightarrow x(\mathrm{Ker}\, f) = (\mathrm{Ker}\, f)x$$

が成り立つので, $\mathrm{Ker}\, f$ は正規であることが分かる.

　以上で, 準同型定理を考えていく準備が整った.

【定理 10・8 準同型定理)】　群 G から群 G' の写像 f を準同型
写像とすると,

$$\overline{f} : G/\mathrm{Ker}\, f \ni x\,\mathrm{Ker}\, f \longmapsto f(x) \in G'$$

という単射準同型写像が引き起こされ, $f(G) = \{f(x) \mid x \in G\}$
を $\mathrm{Im}\, f$ と記すことにすると,

$$G/\mathrm{Ker}\, f \cong \mathrm{Im}\, f$$

が成立する.

[**証明**]　x, y を G の任意の元とすると,

$$f(x) = f(y) \Longleftrightarrow x^{-1}y \in \mathrm{Ker}\, f$$
$$\Longleftrightarrow x\,\mathrm{Ker}\, f = y\,\mathrm{Ker}\, f$$

であるから, 定理 10・6 により,

$$\overline{f} : G/\mathrm{Ker}\, f \ni x\,\mathrm{Ker}\, f \longmapsto f(x) \in G'$$

なる単射が引き起こされ,

$$\pi : G \longrightarrow G/\mathrm{Ker}\, f$$

を自然準同型写像とすると, 再び定理 10・6 から

$$\overline{f}(\pi(xy)) = f(xy) = f(x)f(y) = \overline{f}(\pi(x))\,\overline{f}(\pi(y))$$

であるから，$\overline{f}$ は準同型写像である．それゆえ，結果的に $\overline{f}$ は単射準同型であるので，

$$G/\mathrm{Ker}f \cong \mathrm{Im}f$$

が成立する． ■

　いろいろと述べてきたが，要するに群 G から群 G' への準同型写像 f が定義されたとき，G を $\mathrm{Ker}f$ で'割った'剰余群 $G/\mathrm{Ker}f$ と，$f(G) = \mathrm{Im}f$ とが同型である，と主張しているにすぎない．したがって，f が全射であれば，$G/\mathrm{Ker}f$ と G' とが同型になる．

3. 有限巡回群の特徴づけ

　群 G の位数 m の元については，次の性質がある．

【定理 10·9】　x を群 G の位数 m の元とする．このとき $k \in \mathbb{Z}$ に対して，k と m の最大公約数を d とすると，x^k の位数は $\dfrac{m}{d}$ である．

[証明]　$\langle x^k \rangle$ は $\langle x \rangle$ の部分群であるから，x^k の位数は m の約数で，これを h とおく．いま，d が k と m の最大公約数であるから $m = m_1 d$, $k = k_1 d$ (m_1 と k_1 は互いに素) とおく．すると

$$(x^k)^{m_1} = (x^{k_1 d})^{m_1} = (x^{m_1 d})^{k_1} = (x^m)^{k_1} = 1^{k_1} = 1$$

であるから，定理 10·3 より $h \mid m_1$ である．

　一方，$(x^k)^h = 1$ であるから，同じく定理 10·3 より $m \mid kh$，すなわち $m_1 \mid k_1 h$ を得る．m_1 と k_1 は互いに素であったから，$m_1 \mid h$ となり，したがって，$h = m_1 = \dfrac{m}{d}$ を得る． ■

次の定理は定理 10・9 から得られるが, 直感的にはほとんど明らかだろう.

【定理 10・10】 x, y を群 G の互いに可換な元とし, その位数をそれぞれ m, n とする. このとき, m と n が互いに素であるならば, xy の位数は mn である.

［証明］ $(xy)^{mn} = x^{mn}y^{mn} = 1$ であるから, xy の位数は mn の約数である. それを l とおくと, $x^l y^l = (xy)^l = 1$ より

$$x^l = y^{-l}$$

を得る. 定理 10・9 から x^l の位数は m の約数, y^{-l} の位数は n の約数となり, m と n とは互いに素であるから, $x^l = y^{-l}$ の位数は '1' である. すなわち, $x^l = y^{-l} = 1$ となり, 定理 10・3 より $m \mid l$ かつ $n \mid l$ であるから, 再び m と n が互いに素であることより, $l = mn$ を得る. ∎

証明[4]は割愛するが, 上の定理を一般化したものが, 次の定理である.

【定理 10・11】 $x_1, x_2, \cdots, x_r (r \geqq 2)$ を群 G の互いに可換な元とし, その位数をそれぞれ $m_1, m_2, \cdots, m_r$ とする. このとき, m を $m_1, m_2, \cdots, m_r$ の最小公倍数とすると, 有限生成群 $\langle x_1, x_2, \cdots, x_r \rangle$ には位数 m の元が存在する.

次の定理は有限巡回群の特徴を述べた定理で, この定理が示されれば, わたしたちの本章の目標である, Γ_p (p は素数) が位数 $p-1$ の巡回群であることが直ちに示される.

_____

[4] r に関する帰納法で簡単に証明できる.

第 10 章　準同型定理と有限巡回群

> **【定理 10·12】**　G を位数 m のアーベル群とする．このとき次の条件は同値である．
> (1) G は巡回群である．
> (2) m の任意の約数 k に対して，G は位数 k の部分群を唯 1 つもつ．
> (3) $G(k) = \{x \in G \mid x^k = 1\}$ とすると，m の任意の約数 k について，$|G(k)| \leqq k$ である．

[**証明**]　以下の証明においては，定理 10·2，定理 10·9，定理 10·11 などが利用されるので，そのつどこれらの定理を確認してほしい．

(1) ⇒ (2) の証明：$G = \langle x \rangle$ とし，$m = kk_1$ とおく．

このとき，定理 10·9 から，$|\langle x^{k_1} \rangle| = k$ となる．

次に唯一性を示す．いま，K を G の部分群とし，$K = \langle x^h \rangle$ とすると，定理 10·2 から $K = \langle x^h \rangle$ の形になるが，$(x^h)^k = 1$ であるから，

$$m \mid hk \Longleftrightarrow kk_1 \mid hk \qquad \therefore\ k_1 \mid h$$

が成り立つので，$x^h \in \langle x^{k_1} \rangle$ となる．

これより K は $\langle x^{k_1} \rangle$ の部分群となるが，K と $\langle x^{k_1} \rangle$ の位数を比較して，$K = \langle x^{k_1} \rangle$ を得る．よって，G の位数 k の部分群は唯 1 つである．

(2) ⇒ (3) の証明：k を m の約数とし，$G(k)$ のすべての元の位数の最小公倍数を l とおく．

$G(k) = \langle G(k) \rangle$ は G の部分群であるから，定理 10·11 より $G(k)$ には位数 l の元が存在する．その 1 つをいま u としよう．

$G(k)$ の任意の元を y とし，その位数を h とすると，h は l の約数であるから，$l = hh_1$ とおける．このとき，$\langle u^{h_1} \rangle$ と $\langle y \rangle$ はともに位数 h の部分群であるから，$\langle y \rangle = \langle u^{h_1} \rangle$ となり，これは $\langle u \rangle$ の部分群である．よって，$G(k) = \langle u \rangle$ となる．

一方，$u^k = 1$ であるから，$l \mid k$ となり，$l = |G(k)| \leqq k$ を得る．

129

(3) ⇒ (1) **の証明：** G のすべての元の位数の最小公倍数を n とお
く. y を G の任意の元とすると, $y^n = 1$ であるから, $G(n) = G$
を得る. また $G = \langle G \rangle$ であるから, 定理 10·11 により, G には位
数 n の元が存在する. その 1 つを x とするとラグランジュの定理
(定理 9·7) により, $n \mid m$ である. すなわち, $n \leqq m$ である. 一方,
仮定より $m = |G| = |G(n)| \leqq n$ である. したがって $m = n$ を得る.
よって, $G = \langle x \rangle$ であり, G が巡回群であることが示された. ■

上の定理で (3) の $|G(k)| \leqq k$ という条件は, 実は $|G(k)| = k$ として
もよい. 実際, (3) が成り立つならば, $G = \langle x \rangle$ とおけて, $m = kk_1$
とすると, $(x^{k_1})^k = 1$ であるから, $\langle x^{k_1} \rangle$ は $G(k)$ の部分群となり,

$$k = |\langle x^{k_1} \rangle| \leqq |G(k)| \leqq k$$

より, $|G(k)| = k$ を得る.

また $|G(k)| = k$ ならば, 明らかに $|G(k)| \leqq k$ が成り立つ. したがっ
て, (3) の $|G(k)| \leqq k$ という条件は $|G(k)| = 1$ としてもよいことがわかる.

定理 10·12 を用いると, 以下の定理を簡単に示すことができる.

【**定理 10·13**】 体の元の作る有限乗法群は, 巡回群である. 特
に p を素数とするとき, 既約剰余類群 Γ_p は位数 $p-1$ の巡回
群である.

[**証明**] K を体とし, G を $K^* = K - \{0\}$ の位数 m の部分群とす
る. 定理 10·12 の $G(k)$ は, k 次方程式 $X^k - 1 = 0$ の根で, G に
属するものの集合であるから, $|G(k)| \leqq k$ となり, 定理 10·12 によ
り, G は巡回群となる.

また p が素数のとき, $\mathbb{Z}_p$ は p 個の元からなる体 (定理 6·1) であ
るから, $\Gamma_p = \mathbb{Z}_p - \{\overline{0}\}$ は位数 $p-1$ の巡回群である. ■

以上で, 本章の目標の定理が証明できた. 次章は, これまでのこ
とをもとにしてさまざまな具体的な問題を考えてみる.

第11章
いくつかの具体的問題

1. $x^4+y^4=z^4$ の解

前章は，p を素数とするとき，既約剰余類群
$$\Gamma_p = \mathbb{Z}_p - \{\overline{0}\} \text{ が位数 } p-1 \text{ の巡回群}$$
であることを示した．かなり抽象的な話に終始したが，本章はこれまでの復習（フェルマーの小定理，オイラーの定理，ウィルソンの定理等）とこれからの話の準備（原始根，離散対数等）のために少し具体的な話をする．

はじめに考えてみたいのは，本書の初めにも触れたフェルマーの最終定理において，$n=4$ の場合の次の問題である．すなわち，方程式
$$x^4+y^4=z^4 \qquad \cdots\cdots(*)$$
を満たす自然数解 x, y, z は存在しない，という命題を示すことである．これはフェルマーによって証明されたといわれているが，実はフェルマーが実際に証明したのは
$$x^4+y^4=z^2$$
を満たす自然数解が存在しない，という命題である．この命題が証明されれば，明らかに $(*)$ を満たす自然数解が存在しないことは容易に納得できるだろう．

さて，上の問題を考えるには，
$$x^2+y^2=z^2 \quad (\text{ただし}, x, y, z \text{ のどの 2 数も互いに素}) \quad \cdots ①$$
を満たす自然数 x, y, z が
$$x=2ab,\ y=a^2-b^2,\ z=a^2+b^2$$

のように表されることを確認しておく必要がある．ただし，
$a, b (a > b)$ は互いに素な自然数で，$a+b$ は奇数（すなわち一方は
奇数，他方は偶数）である．これは'**ピタゴラス数**'と言われるもの
で，有名な定理であるが，以下に簡単に解説しておく．

　x, y, z は，いずれの 2 数も互いに素であるから，x, y がともに
偶数であることはない．また，ともに奇数とすると，

$$x^2 \equiv 1 \pmod{8}, \quad y^2 \equiv 1 \pmod{8} \ ^1$$

であるから，

$$x^2 + y^2 \equiv 2 \pmod{8}$$

となり，これは任意の整数 n に対して $n^2 \equiv 0, 1, 4 \pmod{8}$ となる
ことに矛盾する．したがって，x, y がともに奇数であることはな
い．

　そこで，一般性を失うことなく，x を偶数，y を奇数としておく
ことができ，この場合，z は奇数であるから，$z+y, z-y$ が偶数と
なり，

$$x = 2p, \quad z+y = 2q, \quad z-y = 2r$$

とおくことができる．ただし，p, q, r は正の整数で，$q > r$ であ
る．これより

$$x = 2p, \quad y = q-r, \quad z = q+r \qquad \cdots\cdots ②$$

を得るが，y, z はともに奇数であったので，q, r の奇偶は一致せ
ず，また $\gcd(y, z) = 1$ であるから，$\gcd(q, r) = 1$ となる．

　ここで，②を①に代入して

$$(2p)^2 + (q-r)^2 = (q+r)^2 \quad \therefore \ p^2 = qr \qquad \cdots\cdots ③$$

を得る．③より qr は平方数であり，q, r は互いに素であるから，

$$p = ab, \quad q = a^2, \quad r = b^2$$

とおける．ただし，a と b は互いに素な正の整数で，$a > b$ であ

1　$x = 2k+1 (k \in \mathbb{Z})$ のとき，$x^2 = 4k(k+1)+1$ であり，$k(k+1)$ は偶数だから，
x^2 を 8 で割った余りは 1 である．

第 11 章　いくつかの具体的問題

る．したがって，②より
$$x = 2ab, \quad y = a^2 - b^2, \quad z = a^2 + b^2$$
を得て，x が奇数だから，a, b のうち一方が奇数で，他方は偶数である．

以上を定理としてまとめておく．

【定理 11・1 (Pythagorian Triple Theorem)】

　x, y, z はどの 2 つも互いに素な正の整数とする．このとき
$$x^2 + y^2 = z^2$$
をみたす x, y, z は
$$x = 2ab, \quad y = a^2 - b^2, \quad z = a^2 + b^2$$
の形で表わされる．ただし，$a > b$, $a + b$ は奇数，$\gcd(a, b) = 1$ である．

この定理から，たとえば $(a, b) = (2, 1), (7, 4), (11, 10)$ とすると，順に
$$(x, y, z) = (4, 3, 5), (56, 33, 65), (220, 21, 221)$$
といったピタゴラス数が得られる．

また，①の両辺を x^2 で割り，$X = \dfrac{z}{x}$, $Y = \dfrac{y}{x}$ とおくと，
$$1 + \left(\frac{y}{x}\right)^2 = \left(\frac{z}{x}\right)^2 \quad \therefore \ X^2 - Y^2 = 1$$
と変形できるので，ピタゴラス数は，直角双曲線 $x^2 - y^2 = 1$ 上にある '有理点 (有理数を座標とする点)' を与えているとみることができ，逆にこのような立場からピタゴラス数の形を考えることもできる．

定理 11・1 を利用して，フェルマーの最終定理の $n = 4$ の場合を証明してみよう．

133

【定理 11·2】 $x^4 + y^4 = z^4 \cdots (*)$
を満たす正の整数 $x,\ y,\ z$ は存在しない.

[**証明**] 　背理法で証明するが, いわゆるフェルマーが 'infinite descent' と呼んだ方法を利用する. すなわち, $(*)$ を満たす正の整数 $x,\ y,\ z$ が存在するとすれば, ある正の整数から始まる無限降下列が存在してしまい, これは不合理である, と主張するのである.

$x,\ y,\ z$ のうちどれか 2 つの数に公約数 d があれば, その公約数は残りの数の公約数にもなり, このときは, $(*)$ の両辺を d^4 で割った式が成り立つ. したがって, $x,\ y,\ z$ はどの 2 数も互いに素であるとしておいてもよい.

$u = z^2$ とおくと, $(*)$ から

$$(x^2)^2 + (y^2)^2 = u^2 \qquad\qquad \cdots\cdots①$$

となり, $x^2,\ y^2,\ u$ はピタゴラス数であるから, 定理 11·1 から

$$x^2 = 2ab \qquad\qquad \cdots\cdots②$$
$$y^2 = a^2 - b^2 \qquad\qquad \cdots\cdots③$$
$$u = a^2 + b^2 \qquad\qquad \cdots\cdots④$$

とおける. ただし, $a > b,\ a + b$ は奇数, $\gcd(a,\ b) = 1$ である. ③は

$$b^2 + y^2 = a^2$$

のように変形できるから, $b,\ y,\ a$ もピタゴラス数で, したがって

$$b = 2pq \qquad\qquad \cdots\cdots⑤$$
$$y = p^2 - q^2 \qquad\qquad \cdots\cdots⑥$$
$$a = p^2 + q^2 \qquad\qquad \cdots\cdots⑦$$

とおける. ただし, $p > q,\ p + q$ は奇数, $\gcd(p,\ q) = 1$ を満たす正の整数である.

また, ②, ⑤から,

$$a = r^2,\ b = 2s^2 \ (r,\ s \text{ は正の整数}) \qquad\qquad \cdots\cdots⑧$$

とおけて, ⑤と $b = 2s^2$ より

134

第 11 章　いくつかの具体的問題

$$s^2 = pq$$

$$\therefore \quad p = g^2, \ q = h^2 \ (g, \ h \text{ は正の整数}) \qquad \cdots\cdots ⑨$$

とおける．⑧，⑨を⑦に代入すると

$$r^2 = g^4 + h^4 \quad \therefore \quad (g^2)^2 + (h^2)^2 = r^2 \qquad \cdots\cdots ⑩$$

⑩は，①と同じスタイルの方程式で，⑧，④とから

$$r \leqq a < a^2 + b^2 = u$$

となる．すなわち，$u_1 = r$ とおくと $u_1 < u$ となり，①を満たす自然数 x, y, u が存在するとすれば，

$$u > u_1 > u_2 > \cdots\cdots \geqq 1$$

のような正の整数の無限降下列が存在することになり，これは不合理である．よって，①を満たす正の整数は存在せず，したがって（＊）を満たす正の整数も存在しない．　■

　$n > 2$ なる自然数 n は，$n = 2^m \ (m = 2, 3, 4, \cdots)$ の形であるか，または $n = pk$ (p は奇素数，$k \in \mathbb{N}$) の形である．前者の場合についてはフェルマーの方程式 $x^n + y^n = z^n$ において，$n = 4k$ ($k \in \mathbb{N}$) のとき，

$$(x^k)^4 + (y^k)^4 = (x^k)^4$$

となるので，上の定理から $n = 4k$ のときは自然数解が存在しないことがわかる．

　同様に，$n = pk$ の場合，フェルマーの方程式は

$$(x^k)^p + (x^k)^p = (z^k)^p$$

のようにかけるので，結局

$$x^p + y^p = z^p \ (p \text{ は奇素数})$$

が自然数解を持たないことを証明すればよい．この証明は長い間，多くの数学者たちを奮い立たせる一方で，怖ろしく彼らを苦しめてきたことは周知の通りで，このフェルマーの最終定理が A.Wiles と R.Taylor によって証明されたのは，ほんの 20 年近く前であったことはよく知られている．

2. 入試問題から

定理 11・2 に関連する入試問題に以下のようなものがあるので紹介しておこう.

問題 11・1　p, q は互いに素な自然数とする.

(1) p, q がともに奇数であるとき, $p^4 + q^4$ は自然数の 2 乗にならないことを示せ.

(2) q は奇数とする. 次の手順にしたがって, $(2p)^4 + q^4$ が自然数の 2 乗にならないことを背理法を用いて示せ.

（I）次の仮定（H）が成り立つものとして, 以下の問い（A）～（D）に答えよ.

　仮定（H）: $(2p)^4 + q^4 = r^2$ となる自然数 r が存在する.

　（A）$2p$ と r は互いに素であることを示せ.

　（B）互いに素な自然数 m, n があって, $r + (2p)^2 = m^4$, $r - (2p)^2 = n^4$ と表せることを示せ.

　（C）（B）の m, n について, $m + n = 2a$, $m - n = 2b$ とおく. p^2 を a, b を用いて表せ.

　（D）$2p_1$ と q_1 が互いに素になり, $p = 2p_1 q_1 r_1$ かつ $(2p_1)^4 + (q_1)^4 = (r_1)^2$ となる自然数 p_1, q_1, r_1 が存在することを示せ.

（II）（I）の仮定（H）が成り立たないことを示せ.

2010 年の福島県立医大の問題で, 親切な誘導小問があるのでここでは読者の練習問題としておくが, 証明のポイントは定理 11・2 で用いた 'infinite descent' を利用するところである. 仮定（H）に登場する式と,（D）に登場する式とを比較すれば, 納得できるだろう.

次は,‘等差数列の中の素数’に関するもので, 2009 年の千葉大・医の問題である.

第 11 章　いくつかの具体的問題

　　問題11·2　　次の問いに答えよ.

(1) 5 以上の素数は, ある自然数 n を用いて $6n+1$ または $6n-1$ の形で表されることを示せ.

(2) N を自然数とする. $6N-1$ は, $6n-1$ (n は自然数) の形で表わされる素数を約数にもつことを示せ.

(3) $6n-1$ (n は自然数) の形で表わされる素数は無限に多く存在することを示せ.

[**解説**] (1) ほとんど, 自明だろう. 自然数を 6 で割った余りに着目すると, 自然数は

$$6n-2, \ 6n-1, \ 6n, \ 6n+1, \ 6n+2, \ 6n+3$$

のいずれかの形で表わされ, $6n\pm2 = 3(2n\pm1)$, $6n+3 = 3(2n+1)$, $6n$ はいずれも素数ではないので, 題意は示されたことになる.

(2) 背理法で示す. $6N-1(\geqq 5)$ が, $6n-1$ の形の素数を持たないとする. このとき, $6N-1$ を素因数に分解すると,

$$6N-1 = \prod_{i=1}^{m} (6n_i+1) \quad (m \in \mathbb{N})$$

のようになり, このとき右辺は $6M+1(M \in \mathbb{N})$ の形になるので, これは不合理である.

(3) これも背理法で示す. $6n-1$ の形の素数が有限個しかないとし, それらを $p_i (i = i, 2, \cdots, l)$ $(l \in \mathbb{N})$ とする. いま, $N = p_1 p_2 \cdots p_l$ とおき,

$$6N-1 = 6p_1 p_2 \cdots p_l - 1$$

を考えると, (2) より, この数は $6n-1 (n \in \mathbb{N})$ の形の素数で割り切れる. この素数を p とおいておく. ところが, $6N-1$ は, たとえば

$$6N-1 = 6p_1 p_2 \cdots p_l - 1$$
$$= p_1(6p_2 \cdots p_l-1) + (p_1-1)$$

137

のように変形できるから，$6N-1$ は p_1 では割り切れない．同様に，$6N-1$ は $p_i(i=2,3,\cdots,l)$ でも割り切れないので，

$$p \neq p_i\,(\forall i = 1, 2, \cdots, l)$$

となり，これは不合理である．よって，$6n-1$ の形で表わされる素数は無限に多く存在する． ■

　この問題の結果から，等差数列 $\{6n-1\}\,(n \in \mathbb{N})$ の中には無限個の素数が存在することが示されたが，$f(n) = 6n-1$ とおくと，

$$f(1) = 5,\ f(2) = 11,\ f(3) = 17,\ f(4) = 23,$$
$$f(5) = 29,\ f(6) = \mathbf{35},\ f(7) = 41,\ f(8) = 47,$$
$$f(9) = 53,\ f(10) = 59,\ f(11) = \mathbf{65},$$
$$f(12) = 71,\ f(13) = \mathbf{77},\ f(14) = 83,\ f(15) = 89$$

のようになり，ボールド体の数が合成数であるから，はじめのうちはかなりの頻度で素数が現われていることがわかる．なお，500 以下の最大の素数は 499 であり，$6n-1$ のタイプの 500 以下の素数は全部で 47 個ある．そして，500 以下の素数の個数は 95 個であるから，500 以下の素数でおよそ半分（$=0.4947\cdots$）が $6n-1$ の形をしていることが分かる．

　正の整数 m に対して，$\gcd(a, m) = 1$ であるとき，初項 a，公差 m の差等差数列；

$$a,\ a+m,\ a+2m,\ a+3m,\ \cdots,\ a+km,\ \cdots$$

の中に無限個の素数が存在することは，Dirichlet（ディリクレ）によって証明されたことであるが，その割合については

$$\lim_{x \to \infty} \frac{\pi(x,\ a,\ m)}{\pi(x)} = \frac{1}{\varphi(m)}$$

となることが知られている [2]．ただし，ここに

$$\pi(x,\ a,\ m) = [p = a + km\ \text{の形の}\ x\ \text{以下の素数}\ p\ \text{の個数}]$$

———————————————————————

[2]　山本芳彦著『数論入門 1』（岩波書店）37 頁．

であり，$\pi(x)$ は言うまでもなく x 以下の素数の個数，$\varphi(m)$ はオイラーの関数である．この結果から，$\gcd(a, m) = 1$ のとき，等差数列の中の素数の割合は初項 a には依存せず，公差 m の値のみに依ることがわかる．

これによると，

$$\lim_{x \to \infty} \frac{\pi(x, 5, 6)}{\pi(x)} = \frac{1}{\varphi(6)} = \frac{1}{2}$$

となり，さきほど調べた結果とほとんど一致していることを確認することができる．

本節の最後に，07 年の東工大の入試問題を紹介しておく．この問題は「p が素数で，有限群 G の位数が p^a で割り切れるならば，G は位数 p^a の部分群をもつ」という Sylow（シロー）の定理に発展していくもので，そのトバ口の練習問題として考えておきたい．

問題11・3　p を素数，n を 0 以上の整数とする．

(1) m は整数で $0 \leqq m \leqq n$ とする．1 から p^{n+1} までの整数の中で，p^m で割り切れ p^{m+1} で割り切れないものの個数を求めよ．

(2) 1 から p^{n+1} までの 2 つの整数 x, y に対し，その積 xy が p^{n+1} で割り切れるような組 (x, y) の個数を求めよ．

[**解説**]　(1) 1 から p^{n+1} までの整数の集合を U とし，U の部分集合 A, B を

$$A = \{x \in U : p^m \,|\, x\}, \ B = \{x \in U : p^{m+1} \,|\, x\}$$

のように定めておく．このとき，$B \subset A$ であり，求める個数は $|A \cap \overline{B}\,^3|$ であるから，

3　$\overline{B}$ は B の補集合を表わす．

$$|A \cap \overline{B}| = |A| - |B|$$
$$= \frac{p^{n+1}}{p^m} - \frac{p^{n+1}}{p^{m+1}} = (p-1)p^{n-m} \text{ (個)} \quad \blacksquare$$

(2) $x = p^{n+1}$ のときは，y は任意でよいので，条件を満たす (x, y) は p^{n+1} (個) ある.

次に (1) の不等式を満たすように整数 m をとり，これを固定し，集合 C, D を
$$C = A \cap \overline{B}, \quad D = \{y \in U : p^{n+1-m} \mid y\}$$
のように定める．このとき任意の $x \in C$ に対して
$$xy \mid p^{n+1} \Longleftrightarrow y \in D$$
であり，$|D| = \dfrac{p^{n+1}}{p^{n+1-m}} = p^m$ であるから，条件を満たす (x, y) の個数は，(1)の結果を考慮して
$$p^{n+1} + \sum_{m=0}^{n} (p-1)p^{n-m} \times p^m$$
$$= p^{n+1} + (n+1)(p-1)p^n$$
$$= (n+2)p^{n+1} - (n+1)p^n \quad \text{(個)} \quad \blacksquare$$

3. ウィルソンの定理の別証明

本章では，さまざまな個別の話題を取り上げながら，フェルマーの小定理に関連して Carmichael 数，離散対数と原始根，そして面白いいろいろな合同式についても述べるつもりであったが，これらは次章にまわすことにして，最後に，ウィルソンの定理を体 $\mathbb{Z}_p$ (p は素数)を利用して考えてみよう.

$p = 5$ としよう．このとき，x を不定元として，$\mathbb{Z}_5$ の要素を係数とする多項式

140

$$f(x) = (x - \overline{1})(x - \overline{2})(x - \overline{3})(x - \overline{4}) \qquad \cdots\cdots ①$$

を考える．これを実際に展開してみると

$$x^4 - (\overline{1} + \overline{2} + \overline{3} + \overline{4})x^3$$
$$+ (\overline{1}\cdot\overline{2} + \overline{1}\cdot\overline{3} + \overline{1}\cdot\overline{4} + \overline{2}\cdot\overline{3} + \overline{2}\cdot\overline{4} + \overline{3}\cdot\overline{4})x^2$$
$$- (\overline{1}\cdot\overline{2}\cdot\overline{3} + \overline{1}\cdot\overline{2}\cdot\overline{4} + \overline{1}\cdot\overline{3}\cdot\overline{4} + \overline{2}\cdot\overline{3}\cdot\overline{4})x + \overline{1}\cdot\overline{2}\cdot\overline{3}\cdot\overline{4}$$

のようになり，x^3, x^2, x の係数をそれぞれ計算すると，

$$x^3 \text{ の係数} = \overline{10} = \overline{0},$$
$$x^2 \text{ の係数} = \overline{35} = \overline{0},$$
$$x \text{ の係数} = \overline{50} = \overline{0}$$

となる．また定数項は $\overline{4}! = \overline{1}\cdot\overline{2}\cdot\overline{3}\cdot\overline{4}$ は $\overline{24} = \overline{-1}$（ウィルソンの定理！）である．すなわち

$$x^4 - \overline{1} = (x - \overline{1})(x - \overline{2})(x - \overline{3})(x - \overline{4}) \qquad \cdots\cdots ①$$

が成り立つのである．この結果は考えてみれば当然の話で，$\mathbb{Z}_5$ の $\overline{0}$ ではない任意の元 $\overline{a}$ に対して，フェルマーの小定理により，$\overline{a}^{\,4} = \overline{1}$，すなわち $a^4 \equiv 1 \pmod 5$ が成り立つので，$f(x)$ は $x - \overline{a}$ で割り切れ，'因数定理'により①の結果が得られるのである．

一般に，$p\,(\geqq 3)$ が素数のとき

$$(x-1)(x-2)\cdots(x-(p-1))$$
$$= x^{p-1} - A_1 x^{p-2} + A_2 x^{p-3} - \cdots - A_{p-2} + A_{p-1}$$

とすると，

$$A_i \equiv 0 \pmod p \ (i = 1, 2, \cdots, p-2),$$
$$A_{p-1} \equiv -1 \pmod p$$

が成り立つ（ラグランジュの定理[4]）が成り立つが，これより $\mathbb{Z}_p$ における多項式 $x^{p-1} - \overline{1}$ は

$$x^{p-1} - \overline{1} = (x - \overline{1})(x - \overline{2})\cdots(x - \overline{p-1})$$

---

[4] この定理の初等的な証明は拙著『整数の理論と演習』（現代数学社）62〜63頁を参照されたし．

と分解できて，この式の両辺の定数項を比較すると，$\mathbb{Z}_p$ において

$$\overline{p-1}! \equiv -1$$

を得る．これがウィルソンの定理に他ならなかった．

第 12 章
カーマイケル数

1. フェルマー・テスト

すでに述べたように，フェルマーの小定理とは

p が素数である

$\Rightarrow \gcd(a, p) = 1$ なる任意の整数 a に対して
$$a^{p-1} \equiv 1 \pmod{p}$$

というものであった．そして，この命題の対偶は

$\gcd(a, n) = 1$ なる或る整数 a が存在して
$$a^{n-1} \not\equiv 1 \pmod{n}$$

$\Rightarrow n$ は素数ではない（合成数である）

であり，この命題はその数が素数か否かを判定するには，役に立つ．

たとえば，$n = 117$ とし，$a = 2$ としてみよう．
$$2^7 = 128 \equiv 11 \pmod{117},$$
$$11^2 = 121 \equiv 4 = 2^2 \pmod{117}$$

であることに注意すると，$116 = 7 \cdot 16 + 4$ であるから
$$2^{116} = (2^7)^{16} \cdot 2^4 \equiv 11^{16} \cdot 2^4 \equiv 2^{16} \cdot 2^4$$
$$= 2^{20} = 2^{14} \cdot 2^6 \equiv 11^2 \cdot 2^6 \equiv 2^2 \cdot 2^6$$
$$= 2^8 = 2^7 \cdot 2 \equiv 11 \cdot 2 = 22 \pmod{117}$$
$$\therefore\ 2^{116} \not\equiv 1 \pmod{117}$$

したがって，117 は素数ではなく合成数で，実際
$$117 = 3^2 \times 13$$

のように分解できる．

　この例のように，フェルマーの小定理の対偶が成り立つか否か
をチェックすることを，a を底とする**フェルマー・テスト** (Fermat
Test) といい，gcd$(a, n) = 1$ なる或る正整数 a に対して

$$a^{n-1} \equiv 1 \,(\mathrm{mod}\, n)$$

が成り立つとき，'n は a を底とするフェルマー・テストをパスした
（あるいはクリアした，合格した）'ということにする．上の例で
いえば，117 は 2 を底とするフェルマー・テストをパスしていない，と
いうわけであり，パスしなければ，n は素数ではない，と結論でき
るのである．

　なお上のチェックに用いられた底 $a = 2$ は，$n = 117$ に対して
フェルマー・テストを'不合格'にしているが，このような $a(= 2)$
のことを，ここでは 117 に対するフェルマー・テストの**不合格認証
底**[1] ということにする．要するに，不合格認証底 (Fermat witness)
とは，

　　　　フェルマー・テストをパスさせない底 a のこと

に他ならない．

　117 が 9 で割り切れることは，各位の数字の和が $1 + 1 + 7 = 9$ で
あることから，直ちに分かることで，わざわざフェルマー・テストを
行う必要はないが，$n = 341$ の場合はどうであろうか．

　$a = 2$ のときは，$2^{10} = 1024$，$1023 = 341 \cdot 3$ であるから

$$2^{10} \equiv 1 \,(\mathrm{mod}\, 341)$$

となり，したがって

$$2^{340} = (2^{10})^{34} \equiv 1^{34} = 1 \,(\mathrm{mod}\, 341)$$

となって，この場合は，フェルマー・テストをパスし，したがって

---

[1] 英語では 'Fermat witness' というが，名詞としての 'witness' には，目撃者，立会人，
証拠となるもの，といった意味があり，フェルマーテストをパスしたか否かの証人と
なる数，という意味合いが込められてこのように命名されているのであろう．

$a = 2$ は 341 に対する不合格認証底ではない.

では，$a = 3$ の場合はどうであろうか.

$$3^{10} = 59049 \equiv 56 \,(\mathrm{mod}\,341)$$

$$56^3 = 175616 \equiv 1 \,(\mathrm{mod}\,341)$$

に注意すると，

$$3^{340} = (3^{10})^{34} \equiv 56^{34}$$

$$= 56^{33} \cdot 56 \equiv 1^{33} \cdot 56 = 56 \,(\mathrm{mod}\,341)$$

すなわち，

$$3^{340} \not\equiv 1 \,(\mathrm{mod}\,341)$$

となり，341 は $a = 3$ のときは，フェルマー・テストにパスしていない．したがって，この場合 $a = 3$ は不合格認証底（Fermat witness）であり，341 は合成数であると判明する．事実，$341 = 11 \cdot 31$ のように分解できる.

2. カーマイケル数の定義

フェルマーの小定理は，

p が素数である

$\Rightarrow \gcd(a, p) = 1$ なる全ての a に対して

フェルマー・テストをパスする

と言い直すことができるが，この命題の‘逆’は

$\gcd(a, n) = 1$ なる全ての a に対して

フェルマー・テストをパスする

$\Rightarrow n$ は素数である

という命題である．この命題が真であれば話は楽なのであるが，実はこの命題は正しくはない．つまり，$\gcd(a, n) = 1$ であるすべての

145

a に対して，n がフェルマー・テストにパスしても，n が素数である，というお墨付きを与えることはできないのである．言い換えると，n が合成数のこともあり得る．ただし，このような合成数は，きわめて稀であり，たとえば，$a = 2$ としたとき，

$$2^{n-1} \equiv 1 \pmod{n}$$

を満たす，3以上1000以下の合成数 n を Mathematica で調べると，341, 561, 645 の3つしかなく，さらに，$n = 561$ については $\gcd(a, 561) = 1$ なるすべての a に対して，

$$a^{560} \equiv 1 \pmod{561}$$

が成り立つ．フェルマー・テストをパスする底 a を小さい方から列挙してみると

2, 4, 5, 7, 8, 10, 13, 14, 16, 19, 20, ⋯, 556, 557, 559, 560

といった具合になり，561 は，

$$561 = 3 \cdot 11 \cdot 17$$

であるから，上の底の列には，3, 11, 17 などは登場していない．ちなみに

$$3^{560} \equiv 375 \pmod{561}, \quad 11^{560} \equiv 154 \pmod{561},$$
$$17^{560} \equiv 34 \pmod{561}$$

のようになるが，この '561' のような合成数を，**カーマイケル数** (Carmichael number) あるいは絶対偽素数 (absolute pseudoprimes)[2] という．

実は，この 561 は最小のカーマイケル数であり，これは 1910 年に R.D.Carmichael が初めてその存在を指摘した．彼はこの他にも

$$1105 = 5 \cdot 13 \cdot 17, \quad 2821 = 7 \cdot 13 \cdot 31,$$
$$15841 = 7 \cdot 31 \cdot 73$$

---

[2] '絶対' の付いていない単なる '偽素数' という言葉もある．$\gcd(a, n) = 1$ を満たす或る a に対して，n がフェルマー・テストをパスする場合，その合成数 n を，'a を底とする偽素数'（芹沢正三著『素数入門』（講談社）241頁．）というのである．

などがあることを指摘している[3]が,

$$1729 = 5 \cdot 17 \cdot 29, \quad 2465 = 5 \cdot 17 \cdot 29,$$
$$16046641 = 13 \cdot 37 \cdot 73 \cdot 457$$

などもカーマイケル数である.

1から100万までにあるカーマイケル数は, わずか43個であるが, ごく最近までカーマイケル数が無限個あるか, それとも有限個しかないのか, ということは未解決の問題であった. しかし, 1994年にアルフォード(Alford), グランヴィル(Granville), ポメランス(Pomerance)によって, 無限個存在することが証明されている.

ここで, カーマイケル数をきちんと定義しておくと, 以下のようになる.

定義 12·1　カーマイケル数の定義

以下のような条件を満たす合成数 n をカーマイケル数 (Carmichael number) という. すなわち $\gcd(a, n) = 1$ なる任意の整数 a に対して,

$$a^{n-1} \equiv 1 \pmod{n} \qquad \cdots (\ast)$$

が成り立つ.

この定義から直ちに了解できるように, カーマイケル数 n は合成数であり, n の不合格認証底 a は, それが n の素因数を共有するときのみである. たとえば, $561 = 3 \cdot 13 \cdot 17$ であるから, $a = 21 = 3 \cdot 7$ のとき

$$21^{560} \equiv 375 \pmod{561} \quad \therefore \ 21^{560} \not\equiv 1 \pmod{561}$$

であり, また $a = 170 = 17 \cdot 10$ のとき

$$170^{560} \equiv 34 \pmod{561} \quad \therefore \ 170^{560} \not\equiv 1 \pmod{561}$$

のようになり, 21 も 170 も 561 の不合格認証底 (Fermat witness)

---
[3] David M.Burton 著『Elementary Number Theory』91 頁.

となっている.

561 がカーマイケル数であることは，次のように簡単に示すことができる．すなわち，a を $\gcd(a, 561) = 1$ を満たす任意の整数とする．このときフェルマーの小定理 により，

$$a^2 \equiv 1 \,(\mathrm{mod}\,3), \; a^{10} \equiv 1 \,(\mathrm{mod}\,11),$$
$$a^{16} \equiv 1 \,(\mathrm{mod}\,17)$$

であるから，それぞれの両辺を順に 280 乗，56 乗，35 乗すると

$$a^{560} \equiv 1 \,(\mathrm{mod}\,3), \quad a^{560} \equiv 1 \,(\mathrm{mod}\,11),$$
$$a^{560} \equiv 1 \,(\mathrm{mod}\,17)$$

が得られ，3, 11, 17 はいずれも互いに素であるから，Chinese Remainder Theorem より

$$a^{560} \equiv 1 \,(\mathrm{mod}\,561)$$

であることが分かる．すなわち，561 はフェルマー・テストをパスしたわけで，したがって，561 はカーマイケル数であることが了解できる．

なお，カーマイケル数は必ず奇数になるが，これは $\gcd(n-1, n) = 1$ であるから，定義の (＊) において，$a = n-1$ とすると，2 項展開により

$$(n-1)^{n-1} \equiv 1 \,(\mathrm{mod}\,n) \quad \therefore \; (-1)^{n-1} \equiv 1 \,(\mathrm{mod}\,n)$$

が得られ，これより n が奇数と分かる．なぜなら，n を偶数とすると，$n-1$ は奇数となり，この場合 $(-1)^{n-1} = -1$ となって，不合理が生じるからである．

3. カーマイケル数の特徴付け

ところで，わたしたちはその数がカーマイケル数であることをどのようにして認識すればよいのだろうか．これについては次の定理がある．

第12章 カーマイケル数

【定理12·1】 $n \in \mathbb{N}$ を合成数とする. n がカーマイケル数であるための必要十分条件は, 以下の 2 つの条件（I），（II）を満たすことである.
（I）n を割り切る任意の素数 p に対して, $p-1 \mid n-1$ が成り立つ.
（II）n は平方因子を持たない[4].

証明をしていく前に, 前節で紹介したカーマイケル数で, 条件（I），（II）を確認してみよう. $561 = 3 \cdot 11 \cdot 17$ だから, もちろん条件（II）は成り立ち,

$$560 = 2 \cdot 280, \quad 560 = 10 \cdot 56, \quad 560 = 16 \cdot 35$$

であるから, 条件（I）も成立している. また, $15841 = 7 \cdot 31 \cdot 73$ については,

$$15840 = 6 \cdot 2640, \quad 15840 = 30 \cdot 528,$$
$$15840 = 72 \cdot 220$$

となり, 15841 についても 2 条件は満たされている.

条件（I），（II）が, 十分条件になることは, 561 がカーマイケル数であることを確認したのと同様に簡単に示せるが, この 2 条件が必要条件になることを示すのは, 案外厄介であるので, この方は後回しにする.

[（⇐）**十分性の証明**]}（I），（II）を仮定する. このとき $n = p_1 p_2 \cdots p_r$,（ただし, $p_i (i = 1, 2, \cdots, r)$ は互いに異なる素数）とおき,

$$p_i - 1 \mid n - 1 \, (i = 1, 2, \cdots, r)$$

とする.

a を p と互いに素な整数とすると, フェルマーの小定理により

$$a^{p_i - 1} \equiv 1 \pmod{p_i}$$

---

[4] n を素因数分解したとき, 各素因数の次数はすべて 1 である, ということで, これを 'squarefree' という.

149

であり，$p_i-1\,|\,n-1$ だから，

$$a^{n-1}\equiv 1 \pmod{p_i}$$

が成り立つ．したがって，$n=p_1p_2\cdots p_r$ と Chine Remainder Theorem より，

$$a^{n-1}\equiv 1 \pmod{n}$$

を得る．すなわち，n はカーマイケル数である．　　　　■

　必要条件であることを示すには，少し準備がいる．まず，次の定理を証明しておこう．

【定理12・2】　n を自然数，p を素数とし，$p^2\,|\,n$ とする．また，$x,y\in\mathbb{Z}$ が，

$$x\equiv y \pmod{p},\quad x^{n-1}\equiv 1 \pmod{n},$$
$$y^{n-1}\equiv 1 \pmod{n}$$

を満たしているとする．

　このとき，$x\equiv y \pmod{p^2}$ が成立する．

[証明]　$x\equiv y \pmod{p}$ であるから，$x^p\equiv y^p \pmod{p^2}$ である．実際，x^p-y^p は

$$x^p-y^p=(x-y)(x^{p-1}+x^{p-2}y+\cdots+xy^{p-2}+y^{p-1})$$

のように分解され，第2因数は $x\equiv y \pmod{p}$ に注意すると，

$$x^{p-1}+x^{p-2}y+\cdots+xy^{p-2}+x^{p-1}\equiv px^{p-1} \pmod{p}$$

であるから，

$$x^p\equiv y^p \pmod{p^2} \qquad\qquad \cdots\cdots①$$

が成り立つ．

　仮定から，$p^2\,|\,n$ だから，当然 n は p で割り切れるので，$n=pk\,(k\in\mathbb{N})$ とおけて，①の両辺を k 乗して

$$(x^p)^k\equiv (y^p)^k \pmod{p^2}\quad \therefore\ x^n\equiv y^n \pmod{p^2}$$

一方，$x^{n-1} \equiv 1 \pmod{n}$ という仮定から，$x^n \equiv x \pmod{n}$ であり，$p^2 \mid n$ であるから，

$$x^n \equiv x \pmod{p^2}$$

まったく同様にして

$$y^n \equiv y \pmod{p^2}$$

を得て，これらから

$$x \equiv y \pmod{p^2}$$

が示された．　　　　　　　　　　　　　　　　　　　　　　■

　これで，必要性の証明の準備が整ったが，まず，n がカーマイケル数であることを仮定して，（Ⅰ）を導く.

[（⇒（Ⅰ））の証明]　a を p で割り切れない整数とする．このとき a を p（素数）で割ったときの余りを $r\,(1 \leq r \leq p-1)$ とすると，$\gcd(r,\,p)=1$ であるから，フェルマーの小定理により

$$a^{n-1} \equiv r^{n-1} \equiv 1 \pmod{p} \quad \therefore a^{n-1} \equiv 1 \pmod{p}$$

が成り立つ.

　すなわち，$\overline{a}$ は，体 $\mathbb{Z}_p$ における $\overline{x}\,(\neq \overline{0})$ に関する方程式

$$\overline{x}^{\,n-1} = \overline{1} \qquad\qquad \cdots\cdots(*)$$

の解の一つである．この方程式は，$\mathbb{Z}_p$ において，$p-1$ 個の解をもち，一方それは，$\gcd(n-1,\,p-1)$個でもある[5]．したがって，

$$\gcd(n-1,\,p-1) = p-1$$

が成り立つので，$p-1 \mid n-1$ を得る．　　　　　　　　　■

　次は，背理法で（Ⅱ）を導くが，この証明において，定理 12・2 が

---

[5]　この定理については，拙著『整数の理論と演習』（現代数学社）の 79 頁の定理 7.6 を参照していただけたらと思う．その定理を簡単に紹介しておくと，「p が素数であるとき，2 項合同式 $x^p \equiv a \pmod{p}$ が解をもつための必要十分条件は，$d = \gcd(n,\,p-1)$ とすると，原始根 g を底とする a の標数が，d で割り切れることで，p を法として互いに合同でない解が d 個存在する」というものである．

必要になる.

[(⇒(Ⅱ)) の証明]　カーマイケル数を素因数に分解したとき, n が p^2 (p は或る素数) で割り切れる ($p^2 \mid n$) とする. すなわち, squarefree でない, としよう. また, n を素因数分解したときの p の最高冪指数を a とし, $n = p^a m$ ($a \geq 2$, $p \nmid m$, $m \in \mathbb{N}$) とおいておく.

いま, 整数 x を $\gcd(x, n) = 1$ とすると, カーマイケル数の定義から

$$x^{n-1} \equiv 1 \,(\mathrm{mod}\, n)$$

となる. また, $\gcd(p^2, m) = 1$ であるから, Chinese Remainder Theorem により

$$\begin{cases} y \equiv x + p \,(\mathrm{mod}\, p^2) \\ y \equiv x \,(\mathrm{mod}\, m) \end{cases}$$

を満たす整数 y が存在する. このとき,

$$y = (x + p) + sp^2 \qquad \cdots\cdots①$$

$$y = x + tm \qquad\qquad\quad \cdots\cdots②$$

$(s, t \in \mathbb{N})$ とおけて, ①, ②より

$$(x + p) + sp^2 = x + tm \Longleftrightarrow p(1 + sp) = tm$$

を得る. したがって, $t = pu$ ($u \in \mathbb{N}$, $p \nmid u$) とおけて, これより

$$1 + sp = um \qquad \therefore\ p \nmid um$$

を得る. また①より

$$y = (x + p) + sp^2 = x + p(1 + sp) = x + pum$$

したがって,

$$y \not\equiv x \,(\mathrm{mod}\, p^2) \qquad\qquad \cdots\cdots③$$

が成り立つ.

さらに, $\gcd(x, n) = 1$ だから, 明らかに

$$\gcd(y, n) = 1$$

を満たす．実際，$\gcd(y,\ n) = d > 1$ とすると，$p \nmid d$ で [6]，$y = dy'$，$n = dn'$ とおくと，$dn' = p^a m$ より $d \mid m$ を得て，これと②より

$$x = y - tm = dy' - tm \quad \therefore\ d \mid x$$

となって，これは

$$\gcd(x,\ n) = 1$$

に反するからである．

したがって，カーマイケル数の定義により

$$y^{n-1} \equiv 1 \,(\mathrm{mod}\, p)$$

が成り立ち，このとき，定理 12・2 により

$$y \equiv x \,(\mathrm{mod}\, p^2) \qquad\qquad \cdots\cdots④$$

となる．③，④が同時に成り立つのは明らかに矛盾で，それゆえに，n を素因数に分解したとき，$p^2 \mid n$ となるような素因数 p は存在しない．すなわち，squarefree である．　■

なお，数論においてオイラーの関数とともにしばしば登場してくるメービウスの関数

$$\mu(a) = \begin{cases} 1 & (a = 1) \\ (-1)^r & (a\ \text{が}\ r\ \text{個の異なる素数の積}) \\ 0 & (a\ \text{が平方因子をもつ}) \end{cases}$$

を用いると，条件（Ⅱ）は，$\mu(n) \neq 0$ と表現することができる．

カーマイケル数については，上で述べてきたことのほかに，少なくとも 3 個以上の相異なる素数の積の形である，といった性質もあるが，興味のある方は少し考えてみられるとよいであろう．

---

[6]　$p \mid d$ とすると，$y \equiv x + p \,(\mathrm{mod}\, p^2)$ より $p \mid x$ となって，$\gcd(x,\ n) = 1$ に反する．

第13章
原始根と位数

1. 位数について

　前章はカーマイケル数に関連して，'a を底とするフェルマー・テスト' というものを紹介した．これは，$\gcd(a, n) = 1$ なる或る自然数 a に対して，n が，

$$a^{n-1} \equiv 1 \pmod{n}$$

を満たしているか否かをチェックするもので，$\gcd(a, n) = 1$ なるすべての a についてこれが成り立つとき，n をカーマイケル数といった．

　本章は '底' の方ではなく，a の肩の上のいわゆる '指数' の方に私たちの関心を移す．いま '指数' と述べたが，これは数論では普通 '位数 (order)' [1] と言われている．実は，これについては，すでに第7章で剰余環 $\mathbb{Z}_n$ に関連して少し触れたが，この位数の性質を利用して，2002年東大でも出題された完全シャッフル (Perfect shuffles) の問題を考えてみたい．まずは位数の定義を確認しておく．

---

[1] 最近では '位数' という言い方が一般的であるが，私が学生時代の頃は '指数' という言い方もした．

定義 13・1　位数 (order) の定義

$n \in \mathbb{N}$, $a \in \mathbb{Z}$ と し，2 数 n, a は互いに素とする．このとき

$$a^f \equiv 1 \pmod{n}$$

を満たす最小の正の整数 f を，$\bmod n$ での a の**位数** (order) とい
い，

$$\mathrm{ord}_n(a) \ (\text{あるいは，単に } \mathrm{ord}(a))$$

と記す．すなわち，$f = \mathrm{ord}_n(a)$ であり，n を省略して単に
$\mathrm{ord}(a)$ と書くこともある．

はじめにも述べたように，位数は $\mathbb{Z}_n$ の既約剰余類 $\overline{a}$ に対しても
定義され，

$$\overline{a}^f = \overline{1}$$

を満たす最小の正の整数 f を，$\mathrm{ord}_n(\overline{a})$ あるいは n を省略して
$\mathrm{ord}(\overline{a})$ のように表す．

第 7 章で紹介した $\mathbb{Z}_{10}$ と $\mathbb{Z}_{11}$ の累乗表を参考にすると，$\mathbb{Z}_{10}$ の元
については

$$\begin{cases} \mathrm{ord}_{10}(\overline{1}) = 1 \\ \mathrm{ord}_{10}(\overline{9}) = 2 \\ \mathrm{ord}_{10}(\overline{3}) = \mathrm{ord}_{10}(\overline{7}) = 4 \end{cases}$$

となり，$\mathbb{Z}_{11}$ の元については

$$\begin{cases} \mathrm{ord}_{11}(\overline{1}) = 1 \\ \mathrm{ord}_{11}(\overline{10}) = 2 \\ \mathrm{ord}_{11}(\overline{3}) = \mathrm{ord}_{11}(\overline{4}) = \mathrm{ord}_{11}(\overline{5}) = \mathrm{ord}_{11}(\overline{9}) = 5 \\ \mathrm{ord}_{11}(\overline{2}) = \mathrm{ord}_{11}(\overline{6}) = \mathrm{ord}_{11}(\overline{7}) = \mathrm{ord}_{11}(\overline{8}) = 10 \end{cases}$$

のようになる．$\mathbb{Z}_{10}$ の場合，10 と互いに素でない元 $a = 2, 4, 5, 6, 8$
については，$\mathrm{ord}_{10}(\overline{a})$ が存在しないことは，$\mathbb{Z}_{10}$ の累乗表[2]から明ら

---

[2] 第 5 章で紹介したので，それを参照して頂きたい．

かであろう．位数については，以下の性質がある．

【定理 13·1】 n を自然数，$\bar{a}(\in \mathbb{Z}_n)$ を既約剰余類とし，$f = \mathrm{ord}(\bar{a})$ とする．このとき，e を整数とすると
$$\bar{a}^e = \bar{1} \Longleftrightarrow f \mid e$$
が成り立つ．

この定理はほとんど自明で証明するまでもないだろう．実際，$f \mid e$ ならば $\bar{a}^e = \bar{1}$ は明らかであり，また，$\bar{a}^e = \bar{1}$ のとき，e を f で割った余りを r とすると，簡単な計算により，$\bar{a}^r = \bar{1}$ が成り立ち，もし $r \neq 0$ とすると，これは位数 f の定義（f の最小性）に矛盾するからで，したがって $f \mid e$ が成り立つ．なお，この定理から，直ちに次の定理が得られる．

【定理 13·2】 j, k を任意の整数とすると
$$\bar{a}^j = \bar{a}^k \Longleftrightarrow j \equiv k \pmod{f}$$
が成り立つ．

証明は簡単ゆえ各自で試みられたし．また，特に n が素数 p の場合は，フェルマーの小定理と定理 13·1 より，任意の $\bar{a}(\in \mathbb{Z})$ に対して
$$\mathrm{ord}(\bar{a}) \mid p-1$$
が成り立つことも，直ちに納得できる．

さらに次の定理も確認しておこう．

【定理 13·3】 n を自然数，$\bar{a}(\in \mathbb{Z})$ を既約剰余類とする．このとき，任意の自然数 j に対して
$$\mathrm{ord}(\bar{a}^j) \mid \mathrm{ord}(\bar{a})$$
が成り立つ．

ほとんど自明な定理であるが，証明は以下のようになる．

[**証明**]　$f = \mathrm{ord}(\overline{a})$, $h = \mathrm{ord}(\overline{a}^{\,j})$ とする．このとき

$$(\overline{a}^{\,j})^f = (\overline{a}^{\,f})^j = \overline{1}^{\,j} = \overline{1}$$

すわなち，

$$(\overline{a}^{\,j})^f = \overline{1}$$

一方，h の定め方より

$$(\overline{a}^{\,j})^h = \overline{1}$$

したがって，定理 13・1 から $h \,|\, f$，すなわち，

$$\mathrm{ord}(\overline{a}^{\,j})\,|\,\mathrm{ord}(\overline{a})$$

である．　　　　　　　　　　　　　　　　　　　　　■

この定理から，

$$f = gh\,(g \in \mathbb{N}) \qquad\qquad \cdots\cdots\text{①}$$

が成り立つが，実は g は $\gcd(j, f)$ となる．なぜなら，

$$\overline{a}^{\,jh} = (\overline{a}^{\,j})^h = \overline{1}$$

であるから，$f \,|\, jh$ が成り立ち，これと①とから

$$jh = fk = ghk\,(k \in \mathbb{N}) \qquad \therefore\ j = gk \qquad \cdots\cdots\text{②}$$

が言え，したがって①，②から g は j と f の公約数であり，さらに h と k は，h の定義から互いに素となるからである．その理由は，以下の通りである．h と k が互いに素でないとし，

$$k = g'k',\ h = g'h'(h' < h)(g' > 1,\ k',\ h' \in \mathbb{N}) \qquad \cdots\cdots\text{③}$$

とおくと，①～③より

$$jh' = gkh' = g(g'k')h' = (g'h')gk' = hgk' = fk'$$

であるから

$$(\overline{a}^{\,j})^{h'} = \overline{a}^{\,jh'} = \overline{a}^{\,fk'} = (\overline{a}^{\,f})^{k'} = \overline{1}$$

となって，これは h の最小性に反するのである．これを定理としてまとめておこう．

第 13 章　原始根と位数

【定理 13・4】　n を自然数，$\bar{a}\,(\in \mathbb{Z}_n)$ を既約剰余類とし，
$f = \mathrm{ord}(\bar{a})$, $h = \mathrm{ord}(\bar{a}^j)$ とすると，
$$f = h \times \gcd(j, f)$$
が成り立つ．

2.　完全シャッフルと位数

2002 年東大・理科⑥の問題は以下のような文で始まっている．

N を正の整数とする．$2N$ 個の項からなる数列
$$\{a_1,\ a_2,\ \cdots,\ a_N,\ b_1,\ b_2,\ \cdots,\ b_N\}$$
を
$$\{b_1,\ a_1,\ b_2,\ a_2,\ \cdots,\ b_N,\ a_N\}$$
という順列に並べ替える操作を「シャッフル」と呼ぶことにする．

以下問題文が続くのであるが，この問題の眼目は，$N = 2^{n-1}$ のとき，$2n$ 回シャッフルすると元の順列に戻ることを示す，というものである．

さて，ここでは上のシャッフルを少し変えて
$$\{a_1,\ b_1,\ a_2,\ b_2,\ \cdots,\ a_N,\ b_N\}$$
のようなシャッフルについて考えてみる．まず，$N = 5$ として，10 個の項からなる数列を考え，それを
$$a_1 = 0,\ \ a_2 = 1,\ \ a_3 = 2,\ \ a_4 = 3,\ \ a_5 = 4$$
$$b_1 = 5,\ \ b_2 = 6,\ \ b_3 = 7,\ \ b_4 = 8,\ \ b_5 = 9$$
と定めておこう．すると，
$$\{0,\ 1,\ 2,\ 3,\ 4,\ 5,\ 6,\ 7,\ 8,\ 9\}$$
を 1 回シャッフルすると

159

$$\{0,\ 5,\ 1,\ 6,\ 2,\ 7,\ 3,\ 8,\ 4,\ 9\}$$

のような順列が得られる．上の順列をよく観察してみよう．初めに $j(j=0,1,2,\cdots,9)$ 番目にあった数の，シャッフルを1回行った後の位置を $\sigma(j)$ とすると

$$\sigma(0)=0,\quad \sigma(1)=2,\quad \sigma(2)=4,\quad \sigma(3)=6,$$
$$\sigma(4)=8,\quad \sigma(5)=1,\quad \sigma(6)=3,\quad \sigma(7)=5,$$
$$\sigma(8)=7,\quad \sigma(9)=9$$

のようになっている．すなわち，

$$\sigma(j)\equiv 2j \pmod 9 \qquad\qquad \cdots\cdots(*)$$

が成立している．ここで，注意しておきたいことは，このシャッフルにおいては $j=0,9$ は σ の不動点であり，他の値については，$1\leqq\sigma(j)\leqq 8$ であるということだ．

では2回目のシャッフルを行うとどうなるか．$(*)$ より直ちに分かるように

$$\sigma(\sigma(j))\equiv 2\sigma(j)\equiv 2^2 j \pmod 9$$

となり，以下同様に考えると r 回シャッフルを行って，元の位置に戻るための条件は

$$2^r j\equiv j \pmod 9 \ (\text{for all } j) \qquad \therefore\ \ 2^r\equiv 1 \pmod 9$$

ということになることが分かる．ここで，

$$\mathrm{ord}_9(2)=6$$

であるから，結局，6回のシャッフルで元の順列が得られることが分かった．

この議論は，直ちに一般化できて，$0,1,\cdots,2n-1$ までの $2n$ 個の数の順列をシャッフルした場合，この順列が元の順列になるまでのシャッフルの最低回数は

$$\mathrm{ord}_{2n-1}(2)$$

ということになる．この結果から $52\,(=13\times4)$ 枚1組のトランプをシャッフルした場合，

$$2^8=256=51\times5+1$$

160

より

$$\mathrm{ord}_{51}(2) = 8$$

となるので，8 回のシャッフルで元の順列が得られることが分かる．

3. 原始根と位数

原始根についも，実は第 6 章で少し触れ，第 10 章では，既約剰余類群 Γ_p（p は素数）の生成元として登場してきているが，ここでは位数の立場から定義しておこう．

> **定義 13·2　原始根の定義**
>
> p を素数とする．$\overline{a} \in \mathbb{Z}_p$ が，
> $$\mathrm{ord}(\overline{a}) = p - 1$$
> のとき，a を法 p に関する**原始根**（**primitive root**）という．

たとえば $\mathbb{Z}_7$ の累乗表を想起してもらえるならば

$$\overline{3} = \overline{3}, \quad \overline{3}^2 = \overline{2}, \quad \overline{3}^3 = \overline{6},$$
$$\overline{3}^4 = \overline{4}, \quad \overline{3}^5 = \overline{5}, \quad \overline{3}^6 = \overline{1}$$

より，3 は $\mathrm{mod}\,7$ に関する原始根ということになり，そして $\overline{3}$ は，$\mathbb{Z}_p - \{0\}$ の '生成元' にもなっていることが確認できる．これに関連して次の定理は重要であろう．

> 【**定理 13·5**】　p を素数とし，$\overline{a} \in \mathbb{Z}_p$ を原始根とする．このとき
> $$\mathbb{Z}_p - \{\overline{0}\} = \{\overline{a}^0, \overline{a}^1, \cdots, \overline{a}^{p-2}\}$$
> が成り立つ．なお，上で考えた集合は言うまでもなく，われわれのこれまでの議論の記号を用いると Γ_p に他ならない．

この定理は定理 10・13 の内容と本質的には同じであり、位数を利用した証明も簡単である。実際、集合の各元がすべて異なることを示しておけばよいわけで、それには

$$\overline{a}^j = \overline{a}^k \Longleftrightarrow j \equiv k \pmod{p-1}, \quad (0 \le j < k \le p-2)$$

が成り立つとして、矛盾を導けばよいが、これはほとんど自明であろう。

ところで、上の定理は素数 p に対して '原始根が存在する' ということを前提にしたものであるが、**そもそも原始根は常に存在するのであろうか**。すなわち、

$$\mathrm{ord}(\overline{g}) = p-1, \quad (\overline{g} \in \mathbb{Z}_p)$$

であるような $\overline{g}$ が存在するのか。

結論は '存在する' でよいのだが、これについてもすでに第 10 章で群(あるいは体)の初歩的な知識を利用して証明した。しかし、ここでは位数を全面に押し出してもっと素朴に考えてみたい。要するに原始根を実際に構成する方法を考えてみる、ということにほかならない。

まず、これからの議論のアウトラインを説明する。われわれはまず $p-1$ を素因数に分解し、

$$p-1 = p_1^{a_1} p_2^{b_2} \cdots p_m^{a_m}$$

$$(p_i \text{ は素数}, \quad a_i \ge 1, \ i = 1, 2, \cdots, m)$$

とし、位数が $p_i^{a_i}$ である元 $g_i (\in \mathbb{Z}_p)$ が存在することを示す。しかるのち

$$\overline{g} = \overline{g_1} \cdot \overline{g_2} \cdots\cdots \overline{g_m}$$

を考えて、この $\overline{g}$ の位数が $p-1$ であることを確認して、原始根であることを示す。この議論の核心部分は次章に持ち越すが、これだけのことを示すにも少し確認しておきたい命題がいくつかあり、次節で考えてみる。

第13章　原始根と位数

4.　$\mathbb{Z}_m$ における多項式と方程式

次の定理は $\mathbb{Z}_m\,(m \in \mathbb{N})$ における方程式に関するもので，きわめて基本的な命題である．

【定理 13·6】　p を素数とし，$\mathbb{Z}_p$ 上の $\overline{x}$ の n 次多項式 $f(\overline{x})$ を
$$f(\overline{x}) = \overline{a}_n \overline{x}^n + \overline{a}_{n-1}\overline{x}^{n-1} + \cdots + \overline{a}_1 \overline{x} + \overline{a}_1$$
とする．ただし，$\overline{a}_n \neq \overline{0}$ である．このとき，$f(\overline{x}) = \overline{0}$ の解は，高々 n 個である．

この定理は，n についての帰納法で簡単に証明できるので省略[3]し，ここでは，具体的な例を 2 つほど紹介しておこう．
$$f(\overline{x}) = \overline{3}\overline{x}^2 + \overline{2}\overline{x} + \overline{4}\,(in\ \mathbb{Z}_5)\ \text{の解は，}\ \overline{x} = \overline{2}, \overline{4}$$
$$g(\overline{x}) = \overline{x}^3 + \overline{3}\overline{x} + \overline{1}\,(in\ \mathbb{Z}_7)\ \text{の解は，}\ \overline{x} = \overline{4}$$
のようになり，上の定理が正しいことが確認できる．これらの解は，最初の例では，$\overline{x} = \overline{1}, \overline{2}, \overline{3}, \overline{4}$ をそれぞれ $f(\overline{x})$ に代入計算することによって得ることができる．高校数学で扱う n 次方程式とは異なり，解が n 個存在するわけではないことに注意しておきたい．解の個数に関する次の定理も重要である．

【定理 13·7】　p を素数とし，$m \in \mathbb{N}$ とする．このとき，方程式
$$\overline{x}^m = \overline{1}\ (in\ \mathbb{Z}_p) \qquad \cdots(*)$$
の解について，次のことが成り立つ．
(1) m が $p-1$ の約数ならば，方程式 $(*)$ は m 個の解をもつ．
(2) 任意の自然数 m に対して，方程式 $(*)$ は $\gcd(m, p-1)$ 個の解をもつ．

---

[3]　必要があれば，拙著『整数の理論と演習』（現代数学社）の 59 頁の証明を参照して頂ければ幸いである．

証明に入る前に，具体的な例で定理の内容を確認する．$p = 7$ とする．

$m = 3$ のとき 3 は 6 の約数で，解は $\overline{1}, \overline{2}, \overline{4}$ の 3 個

$m = 4$ のとき $\gcd(4, 6) = 2$ で，解は $\overline{1}, \overline{6}$ の 2 個

となり，定理が成立していることが確認できる．

[**証明**] [(1)の証明] m が $p-1$ の約数であるから，$p-1 = lm\,(l \in \mathbb{N})$ とおけて，このとき

$$\overline{x}^{p-1} - \overline{1} = \overline{x}^{lm} - 1$$
$$= (\overline{x}^m - \overline{1})(\overline{x}^{(l-1)m} + \overline{x}^{(l-2)m} + \cdots + \overline{x}^m + \overline{1})$$

ここで，フェルマーの小定理により，$\mathbb{Z}_p$ の $\overline{0}$ 以外の任意の元を $\overline{\alpha}$ とすると，

$$\overline{\alpha}^{p-1} = \overline{1}$$

であるから，$\mathbb{Z}_p - \{\overline{0}\}$ の $p-1$ 個の元は

$$\overline{x}^m - \overline{1} = \overline{0} \qquad\qquad \cdots\cdots①$$

または

$$\overline{x}^{(l-1)m} + \overline{x}^{(l-2)m} + \cdots + \overline{x}^m + \overline{1} = \overline{0} \qquad\qquad \cdots\cdots②$$

のいずれかの解である．定理 13・6 より②の解の個数は高々 $(l-1)m$ であり，したがって，①の解の個数は少なくとも

$$(p-1) - (l-1)m = lm - (l-1)m = m \ (個)$$

ある．

一方，再び定理 13・6 より①の解の個数は高々 m である．よって，(*) の解の個数は m で，(1)は証明された．

[(2)の証明] $\gcd(m, p-1) = d$ とする．このとき，$\mathbb{Z}_p$ の任意の元 $\overline{x}$ に対して

$$\overline{x}^m = \overline{1} \Longleftrightarrow \overline{x}^d = \overline{1}$$

を示しておけばよい．なぜなら，これが主張できれば (*) の解の個数と $\overline{x}^d = \overline{1}$ の解の個数は一致し，$d \mid p-1$ であるから (1) より $\overline{x}^d = \overline{1}$ は d 個の解を持つと分かるからである．

第 13 章　原始根と位数

$\overline{\alpha}\,(\in \mathbb{Z}_p)$ を (*) の解とする．すなわち，$\overline{\alpha}^m = \overline{1}$ としよう．
$d = \gcd(m,\ p-1)$ は適当な整数 $s,\ t$ を用いて

$$d = sm + t(p-1)$$

のように表すことができる [4] ので，フェルマーの小定理を用いると，

$$\overline{\alpha}^d = \overline{\alpha}^{sm+t(p-1)} = (\overline{\alpha}^m)^s (\overline{\alpha}^{p-1})^t = \overline{1}^s\,\overline{1}^t = \overline{1}$$

逆に，$\overline{\alpha}^d = \overline{1}$ としよう．このとき，$d\,|\,m$ であるから，
$m = du\,(u \in \mathbb{Z})$ とおくと

$$\overline{\alpha}^m = \overline{\alpha}^{du} = (\overline{\alpha}^d)^u = \overline{1}^u = \overline{1}$$

以上で，(2) も証明できた． ∎

最後に具体的な問題を考えてみよう．

問題 13・1　次の方程式を解け．

(1) $\overline{x}^2 - \overline{8}\,\overline{x} + \overline{5} = \overline{0}$ (in $\mathbb{Z}_7$)

(2) $\overline{2}\,\overline{x}^2 - \overline{7}\,\overline{x} + \overline{1} = \overline{0}$ (in $\mathbb{Z}_{11}$)

解説　普通の 2 次方程式を解く要領で考えていけばよい．

(1) $\qquad\qquad\qquad \overline{x}^2 - \overline{8}\,\overline{x} + \overline{5} = \overline{0} \qquad\qquad\qquad$ ……①

$$\Longleftrightarrow (\overline{x} - \overline{4})^2 = \overline{16} - \overline{5}$$

$$\Longleftrightarrow (\overline{x} - \overline{4})^2 = \overline{4}$$

ここで，$\overline{y} = \overline{x} - \overline{4}$ とおくと

$$\overline{y}^2 = \overline{4} \ (\text{in } \mathbb{Z}_7) \quad (\Longleftrightarrow y^2 \equiv 4\,(\mathrm{mod}\,7))$$

$\mathrm{mod}\,7$ に関する平方剰余は $1, 2, 4$ であるから，解は存在して

$$\overline{y} = \overline{2},\ \overline{5}$$

$$\therefore\quad \overline{x} = \overline{6},\ \overline{2} \qquad\qquad ∎$$

---

[4] 拙著『整数の理論と演習』の 18 頁を参照されたし．

165

なお，①の左辺は
$$\overline{x}^2 - \overline{8}\overline{x} + \overline{5} = (\overline{x} - \overline{6})(\overline{x} - \overline{2})$$
のように分解される．

(2) $$\overline{2}\overline{x}^2 - \overline{7}\overline{x} + \overline{1} = \overline{0} \qquad \cdots\cdots ②$$

$\overline{2}^{-1} = \overline{10}$ であるから，②の両辺に $\overline{10}$ をかけると，$\overline{70} = \overline{4}$ であるから

$$② \Longleftrightarrow \overline{x}^2 - \overline{4}\overline{x} + \overline{10} = \overline{0}$$
$$\Longleftrightarrow (\overline{x} - \overline{2})^2 = \overline{4} = \overline{10}$$
$$\Longleftrightarrow (\overline{x} - \overline{2})^2 = \overline{5}$$

$\mathrm{mod}\,11$ に関する平方剰余は $1, 3, 4, 5, 9$ であるから，解は存在して

$$\overline{x} - \overline{2} = \overline{4},\ \overline{7}$$
$$\therefore \quad \overline{x} = \overline{6},\ \overline{9} \qquad\qquad \blacksquare$$

この議論から分かるように，一般に p を素数としたとき，$\mathbb{Z}_p$ における 2 次方程式

$$\overline{x}^2 + \overline{b}\overline{x} + \overline{c} = \overline{0} \qquad \cdots\cdots (*)$$

は，

$$\{\overline{x} + (\overline{2}^{-1})\overline{b}\}^2 = (\overline{b}^2 - \overline{4}\overline{c})(\overline{4}^{-1})$$

と変形できるので，$\overline{d} = \overline{b}^2 - \overline{4}\overline{c}$ とおくと

$$\overline{t}^2 = \overline{d} \ (\overline{t} \in \mathbb{Z}_p)$$

を満たす $\overline{t}$ が存在すれば，$(*)$ の解が存在する．すなわち，d が $\mathrm{mod}\,p$ に関する平方剰余であれば解が存在する，ということになる．

次章も，原始根と位数の問題を考え，さらに第 15 章では離散対数についても少し考えてみる．

第 14 章
原始根の存在定理

1. 原始根の存在定理への2つの準備

前章の後半は原始根と位数に関連して,素数 p に対して「そもそも原始根は存在するのであろうか」という問題を提示しておいた.本章はまず,次の定理から考える.

【定理 14・1】 p, q を素数,$l \in \mathbb{N}$ とし,$q^l \mid p-1$ とする.このとき,位数が q^l となる元が $\mathbb{Z}_p$ に存在する.

証明に入る前に,この定理を具体例で確認してみる.$p = 29$ とすると,$p - 1 = 28 = 2^2 \cdot 7$ であり,したがって,$\mathbb{Z}_{29}$ には位数が
$$2^1 = 2, \quad 2^2 = 4, \quad 7^1 = 7$$
であるような元がそれぞれ存在する,というのが定理の主張するところである.実際,

$28^2 = 29 \times 27 + 1$ だから $\overline{28}^2 = \overline{1}$

$12^4 = 20736 = 29 \times 715 + 1$ だから $\overline{12}^4 = \overline{1}$

$7^7 = 823543 = 29 \times 28398 + 1$ だから $\overline{7}^7 = \overline{1}$

となること[1]より,確かに条件を満たす元が $\mathbb{Z}_{29}$ に存在する.

---

[1] 実際は,$12^2, 12^3$ や $7^2, 7^3, \cdots, 7^6$ がどうなるかを調べておくべきだが,ここでは割愛した.

［証明］　まず，$\mathbb{Z}_p$ における 2 つの方程式

$$\overline{x}^{\,q^l} = \overline{1} \quad \cdots\cdots ① \qquad \overline{x}^{\,q^{l-1}} = 1 \quad \cdots\cdots ②$$

を考えよう．q^l は $p-1$ の約数であるから，前章で確認した定理 13・7 から，方程式①は q^l 個の解を持ち，また方程式②は q^{l-1} 個の解を持つ．$q^l > q^{l-1}$ であるから，$\mathbb{Z}_p$ には

$$\overline{a}^{\,q^l} = \overline{1} \quad \cdots\cdots ③ \qquad \overline{a}^{\,q^{l-1}} \neq 1 \quad \cdots\cdots ④$$

であるような元が存在する．

　ここで，$\overline{a}$ の位数 $\mathrm{ord}(\overline{a})$ を f とすると，③と定理 13・1 より f は

$$1,\ q,\ q^2,\ \cdots,\ q^{l-1},\ q^l$$

のいずれかであるが，④より $f \nmid q^{l-1}$ であり，このような f は q^l のみである．よって，$f = q^l$ が言えて，$\mathrm{ord}(\overline{a}) = q^l$ であることが分かった．これで，定理が証明された．　　■

　上で述べた証明と具体例から $\mathbb{Z}_p$ の原始根がどのように構成されるかは，容易に予想できるであろう．たとえば，$\mathbb{Z}_{29}$ の原始根の 1 つは，$28 = 4 \cdot 7$ であるから，上の例より

$$\overline{12} \cdot \overline{7} = \overline{84} = \overline{26}$$

となる．実際，$\overline{a} = \overline{26}$ とおくと，

$$\overline{a}^{\,1} = \overline{26},\ \overline{a}^{\,2} = \overline{9},\ \overline{a}^{\,3} = \overline{2},\ \overline{a}^{\,4} = \overline{23},\ \cdots,\ \overline{a}^{\,27} = \overline{19},\ \overline{a}^{\,28} = \overline{1}$$

のようになり，これらの値がすべて異なることが確認できる．ここで省略した '……' の箇所を各自で是非チェックしていただきたい．いま述べたことを一般的な定理として確認しておく．

第 14 章　原始根の存在定理

【定理 14·2】　n を自然数とし，$\overline{a}, \overline{b}$ を $\mathbb{Z}_n$ の既約剰余類とする．このとき，$\overline{a}$ の位数 $\mathrm{ord}(\overline{a})$ と $\overline{b}$ の位数 $\mathrm{ord}(\overline{b})$ が互いに素であれば，

$$\mathrm{ord}(\overline{ab}) = \mathrm{ord}(\overline{a}) \cdot \mathrm{ord}(\overline{b})$$

が成り立つ．

[**証明**]　$s = \mathrm{ord}(\overline{a})$, $t = \mathrm{ord}(\overline{b})$ とおく．このとき

$$(\overline{ab})^{st} = (\overline{a}^{\,s})^t (\overline{b}^{\,t})^s = (\overline{1}^{\,t})(\overline{1}^{\,s}) = \overline{1}$$

であるから，

$$\mathrm{ord}(\overline{ab}) \leqq st \quad \cdots ①$$

である．

　次に，$\mathrm{ord}(\overline{ab}) = u$ とおき，$u \geqq st$ を示そう．

$$(\overline{ab})^u = \overline{1} \quad \cdots ②$$

であるから，この式の両辺を s 乗して，$\overline{a}^{\,su} = \overline{1}$ を用いると，

$$\overline{b}^{\,su} = \overline{1}$$

を得て，定理 13·1 より，$t \mid su$ であり，s と t が互いに素であるから，

$$t \mid u$$

　次に②の両辺を t 乗して，全く同様の議論により

$$s \mid u$$

したがって，u は s と t の公倍数になるが，s と t は互いに素であるから，s と t の最小公倍数は st である，すなわち

$$st \leqq u = \mathrm{ord}(\overline{ab}) \quad \cdots ③$$

よって，①と③から証明すべき等式は示された．　■

　この定理では，n は素数ではなく自然数としてあるが，たとえば $\mathbb{Z}_{14}$ の既約剰余類 $\overline{11}$ と $\overline{13}$ については

$$\mathrm{ord}(\overline{11}) = 3, \quad \mathrm{ord}(\overline{13}) = 2$$

で，これらの位数は互いに素であり，また
$$11 \times 13 = 143 = 14 \times 10 + 3$$
$$\therefore \quad \overline{11 \cdot 13} = \overline{3}$$
で，$\overline{3}$ の累乗を調べると
$$\overline{3}^1 = \overline{3}, \quad \overline{3}^2 = \overline{9}, \quad \overline{3}^3 = \overline{13}, \quad \overline{3}^4 = \overline{11},$$
$$\overline{3}^5 = \overline{5}, \quad \overline{3}^6 = \overline{1}$$
から，$\mathrm{ord}(\overline{11 \cdot 13}) = \mathrm{ord}(\overline{3}) = 6$ と分かる．したがって
$$\mathrm{ord}(\overline{11 \cdot 13}) = \mathrm{ord}(\overline{11}) \cdot \mathrm{ord}(\overline{13})$$
となることが確認できる．

2. 原始根の存在定理

前節で解説したことを用いれば，一般の場合の原始根の存在を示すことができるが，その議論のアウトラインについては前章で述べてある．なお $p = 2$ の場合，原始根は $\overline{1}$ であるから，以下の定理では奇素数($p > 2$)の場合について考えていく．

【定理 14·3】 p を 3 以上の素数とする．このとき，$\mathbb{Z}_p$ には必ず原始根が存在する．

[証明] $p - 1$ を素因数に分解して
$$p - 1 = p_1^{a_1} p_2^{a_2} \cdots p_m^{a_m}$$
$$(p_1 \text{ は素数,} \quad a_i \geqq 1, \ i = 1, 2, \cdots, m)$$
のようになったとする．定理 14·1 から，$i = 1, 2, \cdots, m$ のそれぞれの値に対して，位数が $p_i^{a_i}$ である元 $g_i (\in \mathbb{Z}_p)$ が存在し，これらの元を用いて
$$\overline{g} = \overline{g_1} \cdot \overline{g_2} \cdots\cdots \overline{g_m}$$

のように $\overline{g}$ を定めよう. このとき, 定理 14·2 から

$$\mathrm{ord}(\overline{g}) = \mathrm{ord}(\overline{g_1}) \cdot \mathrm{ord}(\overline{g_2}) \cdot \cdots \cdot \mathrm{ord}(\overline{g_m})$$
$$= p_1^{a_1} p_2^{a_2} \cdots p_m^{a_m}$$
$$= p-1$$

となり, $\overline{g}$ が原始根であることが分かった. すなわち, 原始根の存在が示されたことになる. ■

さて, これで原始根が少なくとも 1 つ必ず存在することが分かったが, では, $\mathbb{Z}_p$ には何個の原始根が存在するのか. 結論を先取りすれば, その個数は, オイラーの関数を用いて $\varphi(p-1)$ となる. 以下, これについて簡単にみておこう.

【定理 14·4】 p を素数とし, $\mathbb{Z}_p$ の原始根の 1 つを $\overline{g}$ とする. このとき, 任意の整数 j に対して
$$\overline{g}^j : 原始根 \Longleftrightarrow \gcd(j, p-1) = 1$$
が成り立つ.

この定理の証明には, 前章で述べた「n を自然数, $\overline{a}\,(\in \mathbb{Z}_n)$ を既約剰余類, $f = \mathrm{ord}(\overline{a})$, $h = \mathrm{ord}(a^j)$ $(j \in \mathbb{Z})$ とすると, $f = h \times \gcd(j, f)$ が成り立つ」という定理 13·4 がポイントになる.

[**証明**]　上で述べたことから
$$p-1 = \mathrm{ord}(\overline{g}^j) \times \gcd(j, p-1)$$
であり, これより
$$\overline{g}^j : 原始根 \Longleftrightarrow \mathrm{ord}(\overline{g}^j) = p-1$$
$$\Longleftrightarrow \gcd(j, p-1) = 1$$
となり, 定理は証明された. ■

この定理より, 直ちに次の定理を得る.

【定理 14·5】 p を素数とすると，$\mathbb{Z}_p$ における原始根は，ちょうど $\varphi(p-1)$ 個存在する．ただし，φ はオイラーの関数である．

[証明] $\overline{g}$ を原始根の 1 つとする．このとき，$\mathbb{Z}_p$ の既約剰余類は
$$\overline{g}^0,\ \overline{g}^1,\ \cdots,\ \overline{g}^{p-2}$$
であり，このうち $\overline{g}^j$ が原始根となるのは，定理 14·4 により j が $\gcd(j,\ p-1)=1$ を満たすとき，またそのときに限る．よって，その個数は $\varphi(p-1)$ である． ∎

　以下，上の定理をもとに少し具体的な例を考えてみる．$p=31$ として，$\mathbb{Z}_{31}$ の原始根を求めてみよう．
$$p-1 = 31-1 = 2^1 \cdot 3^1 \cdot 5^1$$
であり，位数が $2,3,5$ である $\mathbb{Z}_{31}$ の元は
$$\overline{-1}^2 = \overline{1},\quad \overline{5}^3 = \overline{1},\quad \overline{2}^5 = \overline{1}$$
より，それぞれ $\overline{-1},\ \overline{5},\ \overline{2}$ である [2] から，原始根を g とすると，
$$\overline{g} = \overline{-1}\cdot\overline{5}\cdot\overline{2} = \overline{-10} = \overline{21}$$
のようにして，原始根の 1 つが求まる．また，位数 3 の元として，$\overline{25} = \overline{-6}$ をとれば
$$\overline{-1}\cdot\overline{-6}^2 = \overline{12}$$
という原始根も構成できる．なお，$\mathbb{Z}_{31}$ の原始根は全部で $\varphi(30)=8$ 個あるが，これらをすべて挙げると
$$\overline{3},\ \overline{11},\ \overline{12},\ \overline{13},\ \overline{17},\ \overline{21},\ \overline{22},\ \overline{24}$$
のようになる．

---

[2] たとえば $\overline{5}$ の位数が 3 であることを言うには，正確には $\overline{5}^1,\overline{5}^2$ が $\overline{1}$ と一致しないことを主張しておくべきである．$\overline{-1},\overline{2}$ についても同様であるが，明らかなので省略した．

第 14 章　原始根の存在定理

3.　$\mathbb{Z}_{101}$ の原始根

次に，$p = 101$ として，$\mathbb{Z}_{101}$ の原始根について考えてみよう．実は，101 は $4k+1\,(k \in \mathbb{N})$ のタイプの素数であり，この場合 $\mathbb{Z}_p$ の原始根については，次の面白い定理が成り立つ．

【定理 14·6】　p を $p \equiv 1 \pmod 4$ を満たす素数とする．このとき，$\overline{g}$ が $\mathbb{Z}_p$ の原始根であれば，$\overline{-g}$ も $\mathbb{Z}_p$ の原始根である．

証明に取りかかる前に，少し具体例を考えておく．一般の素数 p に対しては，$\overline{g}$ が原始根だからと言って，$\overline{-g}$ が原始根とは言えない．たとえば，$p \equiv 3 \pmod 4$ のタイプの素数 $p = 11$ の場合，$\mathbb{Z}_{11}$ の原始根は，

$$\overline{2},\ \overline{6},\ \overline{7},\ \overline{8}$$

の $\varphi(10) = 4$ 個であり，たとえば $\overline{-2} = \overline{9}$ は原始根ではない．他の剰余類についても同様である．

ところが，$p \equiv 1 \pmod 4$ のタイプである $p = 13$ の場合，$\mathbb{Z}_{13}$ の原始根は

$$\overline{2},\ \overline{6},\ \overline{7},\ \overline{11}$$

の $\varphi(12) = 4$ 個であり $\overline{-2} = \overline{11}$，$\overline{-6} = \overline{7}$ であるから，上の定理が成り立っていることが分かるだろう．この定理を利用すれば，$\mathbb{Z}_{101}$ の $\varphi(100) = 40$ 個の原始根を求める場合，その半分だけを求めておけばよい，ということになる．

[証明]　$\overline{g} \in \mathbb{Z}_p$ を 1 つの原始根とする．また，$\overline{h} = \overline{-g} = \overline{p-g}$ とおく．このとき，集合 G を

$$G = \{\overline{g}^0,\ \overline{g}^1,\ \overline{g}^2,\ \overline{g}^3,\ \cdots,\ \overline{g}^{p-3},\ \overline{g}^{p-2}\}$$

とし，集合 H を

173

$$H = \{\overline{h}^0,\ \overline{h}^1,\ \overline{h}^2,\ \overline{h}^3,\ \cdots,\ \overline{h}^{p-3},\ \overline{h}^{p-2}\}$$

とする．集合 G の元については，$\overline{g}^i \neq \overline{1}\ (i = 1, 2, \cdots, p-2)$ であり，また i が偶数のとき，$\overline{g}^i = \overline{h}^i$ が成り立っている．したがって，いま $\mathrm{ord}(\overline{h}) = s\,(1 \leq s \leq p-2)$ とすると，s は奇数で

$$\overline{h}^s = \overline{1} \Longleftrightarrow \overline{-g}^s = \overline{1} \qquad \therefore\ \ \overline{g}^s = \overline{-1}\ \ \cdots①$$

一方，$p = 4k+1\ (k \in \mathbb{N})$ とおくと，$\mathrm{ord}(\overline{g}) = 4k$ であるから

$$\overline{g}^{4k} = \overline{1} \Longleftrightarrow (\overline{g}^{2k} - 1)(\overline{g}^{2k} + 1) = \overline{0}$$

であり，$\overline{g}^{2k} \neq 1$ であるから，

$$\overline{g}^{2k} = \overline{-1}\ \ \cdots②$$

を得る．s は奇数であったので，これは明らかに矛盾．よって，$\mathrm{ord}(\overline{h}) = p-1$ となって，$\overline{h} = \overline{-g}$ も原始根であることが示された．なお，ここでは，$\overline{g}$ と $\overline{-g}$ を互いに**共役な原始根**ということにしておく．　　　　　　　　　　　　　　　　　　　　　　　　■

　この定理の証明から，②が成り立っていることが分かったが，実際，$\mathbb{Z}_{13}$ の原始根 $\overline{2}$, $\overline{6}$, $\overline{7}$, $\overline{11}$ について，

$$\overline{2}^6 = \overline{6}^6 = \overline{7}^6 = \overline{11}^6 = \overline{-1}\ (= \overline{12})$$

が成り立っている．各自で累乗表を作って確認してみるといいだろう．

　なお，この定理のほかに，$\mathbb{Z}_p$ の $\overline{0}$ 以外の任意の元 $\overline{a}$ について

$$\mathrm{ord}(\overline{a}) > \frac{p-1}{2} \Longrightarrow \overline{a}\ \text{は原始根}$$

が成り立つことも明らかである．なぜなら，前章で述べたように，$\mathrm{ord}(\overline{a}) \mid p-1$ であるから，$\mathrm{ord}(\overline{a}) > \dfrac{p-1}{2}$ の場合は，

$$\mathrm{ord}(\overline{a}) = p-1$$

となるからである．したがって，$\mathbb{Z}_{101}$ の元 $\overline{a}$ が，原始根であるか否かを調べるには，$\overline{a}$ の 50 乗までを調べ，50 乗して初めて $\overline{100}$ になれば，それが原始根であると分かる．

以上のことを踏まえた上で，$\mathbb{Z}_{101}$ の原始根を求めてみよう．$100 = 2^2 \cdot 5^2$ であり，位数が 2^2 の元を求めると，101 を法にして

$$10^2 \equiv -1,\ 10^4 \equiv 1 \qquad \therefore\ \mathrm{ord}(\overline{10}) = 2^2 = 4$$

また，位数が 5^2 の元を求めると

$$19^3 \equiv -9,\ 19^6 \equiv -20,\ 19^{12} \equiv -4,$$
$$19^{24} \equiv 16,\ 19^{25} \equiv 1$$

より [3]，

$$\mathrm{ord}(\overline{19}) = 5^2 = 25$$

したがって，

$$\overline{g} = \overline{10} \cdot \overline{19} = \overline{89}$$

のように，定めておけばこの $\overline{g}$ が $\mathbb{Z}_{101}$ の原始根の1つで，さらに定理 14・6 より，$\overline{-89} = \overline{12}$ も原始根であることも分かる．また，位数が 25 の元は $\overline{19}$ の他に，$\overline{24}$ や $\overline{25}$ などもあり，これより

$$\overline{10} \cdot \overline{24} = \overline{38}, \quad \overline{10} \cdot \overline{25} = \overline{48}$$

も原始根であることが分かる．ともあれ，$\mathbb{Z}_{101}$ の 40 個の互いに共役な原始根をペアにしてそのすべて列挙すると，以下のようになる．ただし，剰余類を表すバーは省略した．

$$(2,99),\ (3,98),\ (7,94),\ (8,93),$$
$$(11,90),\ (12,89),\ (15,86)$$
$$(18,83),\ (26,75),\ (27,74),\ (28,73),$$
$$(29,72),\ (34,67),\ (35,66)$$
$$(38,63),\ (40,61),\ (42,59),$$
$$(46,55),\ (48,53),\ (50,51)$$

---

[3] 言うまでもなく，正確には 19 を 25 乗して初めて 1 と合同になることをチェックしておく必要がある．

4. 原始根の概念の拡張

原始根はふつう，素数 p に対して定義されているが，これを合成数 n にまで拡張して考えることもできる．ここで，思い出してほしいのが，第6章や第7章で考えた'既約剰余類群 Γ_n である．これは，乗余環 $\mathbb{Z}_n$ の既約剰余類の作る群のことであったが，いま，$\bar{a} \in \Gamma_n$ とし，

$$\mathrm{ord}(\bar{a}) = \varphi(n)$$

のとき，$\bar{a}$ を Γ_n における'原始根'と定義してみよう．別言すれば，整数 a は法 n に関する原始根と認識することもできる．

さて，このように定義して，Γ_6 や Γ_{10} あるいは Γ_{14} の累乗表を想起してみれば，

(1) Γ_6 の原始根は，$\bar{5}$

(2) Γ_{10} の原始根は，$\bar{3}$ と $\bar{7}$

(3) Γ_{14} の原始根は，$\bar{3}$ と $\bar{5}$

という事実はすぐに納得できるだろう．そして，Γ_8 や Γ_{15} には，'原始根が存在しない'ことも分かるだろう．特に，Γ_{15} については，第7章ですでに

$$\bar{a}^4 = \bar{1} \ (\forall \bar{a} \in \Gamma_{15})$$

となることを指摘し，したがって

$$\mathrm{ord}(\bar{a}) < \varphi(15) = 8$$

となって，原始根は存在しないのである．

第 15 章
合成数と原始根

1. 合成数に対する原始根の定義

前章の最後に,原始根の概念が素数のみならず,合成数に対しても定義されることを述べておいたが,まずこの定義を確認しておこう.

> **定義 15·1** n を自然数とし,$\overline{a} \in \mathbb{Z}_n$ を既約剰余類とする.すなわち,$\gcd(a, n) = 1$ とする.このとき,
> $$\mathrm{ord}(\overline{a}) = \varphi(n)$$
> が成り立つとき,$\overline{a}$ を $\mathbb{Z}_n$ における**原始根**という.別言すれば,a は法 $n \,(\mathrm{mod}\, n)$ に関する原始根である.

n が素数の場合,原始根は常に存在した(定理 14·3)が,一般の自然数 n の場合はどうなるか.これが本章で考えてみたいテーマである.結論を先に述べれば,n を 1 より大きい自然数とすると,
$$n = 2, 4, p^k, 2p^k \quad (p \text{ は奇素数},\ k \in \mathbb{N})$$
のとき,またこのときに限ってのみ,n の原始根は存在する.

この証明は 1801 年に出版されたあのガウスの『整数論 (Disquisitiones Arithmeticae)』[1] の中で与えられたもので,知る人ぞ知る結果であり,たとえば芹沢正三著『素数入門』(講談社) にも,

---

[1] この本の邦訳は高瀬正仁氏の手になり,1995 年に『ガウス整数論』として朝倉書店より出版された.この本の 73 頁には「法が,ある素数の 2 倍,もしくはある素数の冪の 2 倍である場合については,法が素数,もしくはある素数の冪である場合と全く同様である」とある.

証明はされていないが，上の命題は述べてある．

　ということで，私たちはこれからこの命題の証明を考えてみたいのであるが，はじめに，p は奇素数，k は自然数であるとして

　　　（P）n が原始根をもつ

$$\Longrightarrow n = 2, 4, p^k, 2p^k \text{ である}$$

ことを示す．そのために，

(1) $n = 2^k\,(k \geq 3)$ ならば，n は原始根を持たない

(2) $n = lm\,(l > 2, m > 2, \gcd(l, m) = 1)$ ならば，n は原始根を持たない

という2つの命題を証明する．次に，命題（P）の'逆'を考えることにする．

2. 命題（P）の証明

　はじめに(1)を示す．

> **定理 15·1**　$n = 2^k\,(k \geq 3)$ ならば，n は原始根を持たない．すなわち，$\mathrm{ord}(\overline{a}) = \varphi(2^k)$ となる $\mathbb{Z}_n$ の既約剰余類 $\overline{a}$ は存在しない．

[**証明**]　a を奇数とする．すなわち $\gcd(a, n) = 1$ とする．このとき，$k \geq 3$ なる整数 k に対して，

$$a^{2^{k-2}} \equiv 1 \pmod{2^k} \qquad \cdots\cdots\text{①}$$

が成り立つことを数学的帰納法で示そう．

　$k = 3$ のとき，$a^2 \equiv 1 \pmod 8$ は明らかに成り立つ．実際，

$$a = 2m + 1 \quad (m \in \mathbb{Z})$$

のとき，$m(m+1)$ は連続する2整数の積で偶数だから

$$a^2 = (2m+1)^2 = 4m(m+1) + 1$$

178

第 15 章　合成数と原始根

$$\therefore a^2 \equiv 1 \pmod 8$$

となる.

次に 3 以上のある k で①が成り立つとする. すなわち,

$$a^{2^{k-2}} = 2^k l + 1 \ (l \in \mathbb{Z})$$

とする. このとき, この式の両辺の平方を考えると

$$\begin{aligned}
a^{2^{k-1}} &= (a^{2^{k-2}})^2 \\
&= (2^k l + 1)^2 \\
&= (2^k l)^2 + 2(2^k l) + 1 \\
&= 2^{k+1}(2^{k-1}l^2 + l) + 1 \\
&\equiv 1 \pmod{2^{k+1}}
\end{aligned}$$

であるから, ①は $k+1$ のときも成り立ち, すべての $k(\geqq 3)$ で成り立つ.

$\varphi(2^k) = 2^{k-1}$ であるから,

$$\gcd(a, m) = 1 \Longrightarrow a^{\varphi(m)} \equiv 1 \pmod m$$

というオイラーの定理により

$$a^{\frac{\varphi(2^k)}{2}} \equiv 1 \pmod{2^k}$$

が成り立つ. すなわち, $n = 2^k$ は, 原始根を持たないことが示された. ■

定理 15·2

　$n = lm \ (l > 2, \ m > 2, \ \gcd(m, l) = 1)$ ならば, n は原始根を持たない.

[**証明**]　a を $n = lm$ と互いに素な任意の整数とすると, $\gcd(a, l) = 1$, $\gcd(a, m) = 1$ である. また, $\varphi(l)$ と $\varphi(m)$ の最小公倍数を h, 最大公約数を d とする.

　一般に, '$n > 2$ ならばオイラーの関数 $\varphi(n)$ の値は偶数' ゆえ $d \geqq 2$ となり, また $\gcd(l, m) = 1$ ゆえ $\varphi(l)\varphi(m) = \varphi(lm)$ である. したがって

179

$$h = \frac{\varphi(l)\varphi(m)}{d} \leqq \frac{\varphi(lm)}{2} \qquad \cdots\cdots ①$$

が成り立ち，オイラーの定理 $a^{\varphi(l)} \equiv 1 \pmod{l}$ を用いると

$$a^h = (a^{\varphi(l)})^{\frac{\varphi(m)}{d}} \equiv 1^{\frac{\varphi(m)}{2}} \equiv 1 \pmod{l}$$

が成り立つことが分かり，同様にして，

$$a^h \equiv 1 \pmod{m}$$

も成り立つ．したがって，$\gcd(l, m) = 1$ であるから，

$$a^h \equiv 1 \pmod{lm}$$

となり，これと①より，

$$\mathrm{ord}(\overline{a}) \leqq \frac{\varphi(lm)}{2}$$

となる．すなわち，$n = lm$ は原始根を持たないことが示された．

■

　この定理から，n が

　　　2 つ以上の奇素数の積であれば，原始根をもたない

ことや，

　　　$n = 2^s p^t$（$s \geqq 2$, $t \geqq 1$, p は奇素数）の形であれば，原
　　　始根をもたない

ことが直ちに了解できる．

　ともあれ，こうして $n(> 1)$ が原始根をもつとすれば，必要条件
として

　　　$n = 2, 4, p^k, 2p^k$（p は奇素数，$k \in \mathbb{N}$）

でなければならないことが分かる．問題は，これが十分条件でもあ
るということで，この証明は存外難しい．次節でそれを考えてみ
る．

3. 命題 (P) の逆の証明

（＊）の逆を証明するには，いくつかのステップが必要である．$n = 2, 4$ の場合は，明らかに原始根をもつので，私たちの最初の目標は p^k が原始根をもつことを示すことであり，実はこれがすべてであると言ってもよい．なぜなら，これが示せれば，後で分かるように，$2p^k (k \geq 1)$ が原始根をもつことは容易に証明できるからである．

定理 15·3 p を奇素数とする．このとき，p の原始根 g で，
$$g^{p-1} \not\equiv 1 \pmod{p^2}$$
を満たすものが存在する．

定理の証明に入る前に，$n = 29$ で定理の内容を具体的に確認しておく．$n = 29$ の原始根は，全部で $\varphi(28) = \varphi(2^2)\varphi(7) = 2 \cdot 6 = 12$ 個あり，それらは

$$2, 3, 8, 10, 11, 14, 15, 18, 19, 21, 26, 27$$

であるが，このなかでたとえば，$g = 14$ とすると

$$14^{28} \equiv 1 \pmod{29}, \quad 14^{28} \equiv 1 \pmod{29^2}$$

となってしまう．このようなものではない原始根が存在する [2] ことを定理は主張しているのであり，たとえば $g = 8$ とすると

$$8^{28} \equiv 1 \pmod{29}, \quad 8^{28} \equiv 88 \not\equiv 1 \pmod{29^2}$$

のようになる．

[**証明**] 定理 14·3 でも確認したように，素数 p には必ず原始根が存在するので，いまそれを g とする．この g が，$g^{p-1} \not\equiv 1 \pmod{p^2}$ を満たせば，この g が条件を満たすから，証明は終了するので，

---

[2] 実験してみれば分かるが，ほとんどの原始根が定理の条件を満たす．

$g^{p-1} \equiv 1 \pmod{p^2}$ の場合を考える．このときは，$g' = g + p$ を考えると，

$$(g')^{p-1} = (g+p)^{p-1} \equiv g^{p-1} + (p-1)pg^{p-2} \pmod{p^2}$$
$$\equiv 1 - pg^{p-2} + p^2g^{p-2} \equiv 1 - pg^{p-2} \pmod{p^2}$$

ここで，g は p の原始根であり，$\gcd(g, p) = 1$ であるから，$p \nmid g^{p-2}$ が言え，これより

$$(g')^{p-1} \not\equiv 1 \pmod{p^2}$$

となる． ■

この定理の証明の述べていることを，$p = 29$，$g = 14$ という具体例で確認すると，

$$(14 + 29)^{28} \equiv 1 \pmod{29},$$
$$(14 + 29)^{28} \equiv 59 \not\equiv 1 \pmod{29^2}$$

ということに他ならない．

この定理から，直ちに，次の定理が成り立つことが分かる．

定理 15·4　p が奇素数ならば，p^2 は必ず原始根をもつ．すなわち

$$\mathrm{ord}(g) = \varphi(p^2) = p(p-1)$$

となる g が存在する．

[**証明**]　g を p の原始根とする．このとき，$\bmod p^2$ に関する g の位数は，$p-1$ か，あるいは $\varphi(p^2) = p(p-1)$ であり，位数が $p-1$ のときは，$r+p$ を考えれば，定理 15·3 より，これが p^2 の原始根になる．よって，p が奇素数ならば，p^2 は必ず原始根を持つことが示された． ■

この定理を一般の p^k にまで拡張するために次の定理を準備しておく．

第 15 章　合成数と原始根

> **定理 15·5**　p を奇素数とし，g を，$g^{p-1} \not\equiv 1 \pmod{p^2}$ を満たす p の原始根とする．このとき，2 以上のすべての整数 k に対して
>
> $$g^{p^{k-2}(p-1)} \not\equiv 1 \pmod{p^k} \qquad \cdots (*)$$
>
> が成り立つ．

[証明]　$k = 2$ のときは，すでに示してあるので，2 以上のある k に対して，$(*)$ が成り立つと仮定しよう．$\gcd(g,\, p^{k-1}) = 1$ より $\gcd(g,\, p^k) = 1$ であり，オイラーの定理により

$$g^{p^{k-2}(p-1)} = g^{\varphi(p^{k-1})} \equiv 1 \pmod{p^{k-1}}$$

である．したがって，

$$g^{p^{k-2}(p-1)} = ap^{k-1} + 1$$

のようにかける．ただし，帰納法の仮定より，a は p では割り切れない整数である．この式の両辺を p 乗すると，

$$g^{p^{k-1}(p-1)} = (ap^{k-1} + 1)^p \equiv ap^k + 1 \pmod{p^{k+1}}$$

となり，a は p で割り切れないので，

$$g^{p^{k-1}(p-1)} \not\equiv 1 \pmod{p^{k+1}}$$

が得られる．すなわち，$(*)$ は $k+1$ のときも成り立つので，定理は証明された．　■

　以上のことから，私たちの最初の目標である次の定理を示すことができる．

> **定理 15·6**　p を奇素数とし，k を自然数とする．このとき，p^k は原始根をもつ．

[証明]　定理 15·3 と定理 15·5 から，p の原始根 g で

$$g^{p^{k-2}(p-1)} \not\equiv 1 \pmod{p^k}$$

183

を満たすものを考えることができる.

$\bmod p^k$ において $\mathrm{ord}(g) = n$ とする. このとき,

$$n \text{ は } \varphi(p^k) = p^{k-1}(p-1) \text{ の約数}$$

である. 実際

$$g^n \equiv 1 \,(\bmod\, p^k) \quad \text{かつ} \quad g^n \equiv 1 \,(\bmod\, p)$$

だからであり, これより, $p-1 \mid n$ であることも分かる. したがっ
て, n は

$$n = p^m(p-1) \ (0 \leq m \leq k-1)$$

の形をしている. ここで, $n \neq p^{k-1}(p-1)$ とすると, $n \mid p^{k-2}(p-1)$
となるから,

$$g^{p^{k-2}(p-1)} \equiv 1 \,(\bmod\, p^k)$$

となり, これははじめの条件と矛盾する. したがって, $n = p^{k-1}(p-1)$
となる.

よって, g は p^k の原始根であり, 定理は証明された. ∎

この定理の主張していることを $k = 4$ とし, $\mathbb{Z}_{13}$ の原始根 $\overline{g} = \overline{2}$
で具体的に確認すると,

$$2^{13^2 \cdot 12} \equiv 6592 \not\equiv 1 \,(\bmod\, 13^4),$$
$$2^{13^3 \cdot 12} \equiv 1 \,(\bmod\, 13^4)$$

ということに他ならない. つまり, 2 は 13^4 の原始根ということ
になるが, 私自身は, この結果を Mathematica で得た. また,
$2^n (n = 1, 2, \cdots, 13^3 \cdot 12)$ を 13^4 で割ったときの余りもすべて計算させ
てみたが, $26364 = 13^3 \cdot 12$ 通りの余りをほとんど一瞬にして表示し
てくれるのは, やはり驚異である. これを手計算でやるとなると気
が遠くなる.

最後に, $2p^k$ が原始根をもつことを示す.

第 15 章　合成数と原始根

定理 15·7　p を奇素数，k を自然数とする．このとき，$2p^k$ は原始根をもつ．

[**証明**]　g を p^k の原始根とする．このとき，g は奇数である．実際，g が偶数とすると，$g+p^k$ は奇数であり，これも p^k の原始根になるからである．

　g が奇数だから，g と $2p^k$ は互いに素であり，$\bmod 2p^k$ における g の位数を n，すなわち $n = \mathrm{ord}(g)$ とすると，n は

$$\varphi(2p^k) = \varphi(2)\varphi(p^k) = \varphi(p^k)$$

を割り切る．ここで，$g^n \equiv 1 \pmod{2p^k}$ であるから，$g^n \equiv 1 \pmod{p^k}$ が成り立ち，それゆえ，n は $\varphi(p^k)$ で割り切れる．したがって，$n = \varphi(2p^k)$ でなければならず，これは g が $2p^k$ の原始根であることを示している．よって，定理は証明された．■

　この定理を，$k = 4$ とし，$\mathbb{Z}_{13}$ の原始根として $\overline{g} = \overline{7}$ で具体的に確認すると，

$$7^{13^2 \cdot 12} \equiv 19774 \not\equiv 1 \pmod{13^4},$$
$$7^{13^3 \cdot 12} \equiv 1 \pmod{13^4},$$
$$7^{13^3 \cdot 12} \equiv 1 \pmod{2 \cdot 13^4}$$

のようになり，7 が $2 \cdot 13^4$ の原始根であることがわかる．

　以上で私たちは，最終目標であった次の命題を得る．定理としてまとめておこう．

定理 15·8　n を 1 より大きい自然数とすると，
$$n = 2, 4, p^k, 2p^k \quad (p \text{ は奇素数，} k \text{ は自然数})$$
のとき，またこのときに限って n の原始根は存在する．

185

ここで，原始根の応用として，離散対数 (discrete logarithms) について少し触れておこう．

$\overline{a}$ を $\mathbb{Z}_p$ の原始根の 1 つとすると，$\mathbb{Z}_p$ の $\overline{0}$ 以外の任意の元 $\overline{x}$ は，$\overline{a}$ の冪の形，すなわち

$$\overline{x} = \overline{a}^y \qquad \cdots\cdots(*)$$

の形で書かれる．ただし，y は $0 \le y \le p-2$ を満たす整数で，y をこのように限定しておくと，$(*)$ を満たす y は唯一通りに定まる．高校数学で学んだように，$x = a^y$ のとき，

$$y = \log_a x$$

と記し，y を a を底とする x の対数と呼んだが，同様に $(*)$ が成り立つとき，$\overline{y}$ を $\overline{a}$ を底とする $\overline{x}$ の**離散対数**とよび，しばしば

$$y = \mathrm{Ind}_a(x)$$

のように記す．したがって，たとえば $\mathbb{Z}_{13}$ で考え，原始根として $\overline{2}$ を選ぶと，

$$\overline{2}^4 = \overline{3}, \quad \overline{2}^5 = \overline{6}, \quad \overline{2}^6 = \overline{12}$$

であるから，

$$4 = \mathrm{Ind}_2(3), \quad 5 = \mathrm{Ind}_2(6), \quad 6 = \mathrm{Ind}_2(12)$$

のようになる．

また，この離散対数については，'本家' の対数と類似の次のような性質がある．すなわち，p を奇素数，a を原始根とすると

(1) $\mathrm{Ind}_a(xy) \equiv \mathrm{Ind}_a(x) + \mathrm{Ind}_a(y) \pmod{p-1}$

(2) $\mathrm{Ind}_a(x^n) \equiv n\,\mathrm{Ind}(x) \pmod{p-1}$

が成り立つ．これらの関係式の証明については，拙著『整数の理論と演習』(現代数学社) の第 7 章の後半を参照していただけらと思う．

いわゆる 'ElGamal 暗号' の理論的背景にあるのが，離散対数であることはよく知られているが，これは

$$a^y = x \pmod{p}$$

において，a と x から y を求めることの難しさを利用したものである[3]．この他に，巨大な整数の素因数分解の難しさを利用した RSA 暗号[4] もよく知られている．ともあれ，数論がこのように，現代生活の目に見えない根幹に関わるところで利用されていることは，頭に入れておくべきだろう．

---

[3] これについては，さまざまな本が出ているが，芹沢正三氏の『素数入門』（講談社）の 265 頁や一松信氏の『暗号の数理』（講談社）178 頁などを参照されるとよい．また，少し専門的な本としては，Douglas R.Stinson 著『暗号理論の基礎』（櫻井幸一監訳，共立出版）の第 5 章を見られるとよい．離散対数との関連でいえば，Diffie–Hellman 暗号（1977 年に Diffie と Hellman によってその概念が提示された公開鍵暗号）についても解説してある．

[4] この暗号は，1978 年に Rivest，Shamir，Adleman により提案されたので，このように呼ばれている．

第 16 章

今後への指針と展望

1. イデアルについて

　「イデアル (ideal)」については，第 5 章で少し触れておいたが，この奇妙な言葉に私がはじめて出会ったのは数学科の 2 年の春で，2 年先輩のある友人（といっても，私より年下だったが）が，成田正雄著『イデアル論入門』（共立全書）を「一度は読んでおいた方がいい」と言って紹介してくれた時である．

　そこで，私も 2 年の夏休みから，この本と付き合い始めたが，たとえば「整数環 $\mathbb{Z}$ において，素数 p の倍数全体集合はイデアル（理想数）である」と言われても，なぜこのような新概念が必要なのかは，正直に言うとよく理解できなかった．しかし，ともかく「定義，定理，証明」の延々と続くその本と，私はしばらく付き合っていたが，その抽象的な議論にはいささか辟易した．

　「イデアル」という視点の面白さ，重要性に気付き始めたのは，William Fulton の『Algebraic Curves』を読み始めてからで，この本の 3 頁には早々に 'ideal' という言葉が登場し，その後もしばしばこの言葉に遭遇する．そう言えば，『イデアル論入門』の序文にはイデアル論と関係する分野は「整数論，代数幾何学，ホモロジー代数など多岐にわたる」と書いてあり，なるほどと腑に落ちた次第．ちなみに，Fulton の『Algebraic Curves』は具体例に富み，比較的読み易い本である．初版は 1969 年に出ていたが，私が読んだのは 1978 年の第 5 版であり，よく読まれていたことが分かる．

　ところで，私が受験生の頃は「イデアル論」を背景にもつ入試問題など考えられなかったが，2016 年，実はその種の問題が滋賀医科

大学で出題された．この本の読者の中には高校生もいるであろうから，ここではその問題を取り上げて考えてみたい．

問題16・1 分母が奇数，分子が整数である有理数を「控えめな有理数」と呼ぶことにする．たとえば $-\dfrac{1}{3}$, 2 はそれぞれ $\dfrac{-1}{3}$, $\dfrac{2}{1}$ と表せるから，ともに控えめな有理数である．1個以上の有限個の控えめな有理数 $a_1, \cdots, a_n$ に対して，集合 $\langle a_1, \cdots, a_b \rangle$ を

$$S\langle a_1, \cdots, a_n \rangle$$
$$= \{ x_1 a_1 + \cdots + x_n a_n \mid x_1, \cdots, x_n \text{は控えめな有理数} \}$$

と定める．例えば 1 は $1 \cdot \left(-\dfrac{1}{3} \right) + \dfrac{2}{3} \cdot 2$ と表されるから，$S\left\langle -\dfrac{1}{3}, 2 \right\rangle$ の要素である．

(1) 控えめな有理数 $a_1, \cdots, a_n$ が定める集合 $S\langle a_1, \cdots, a_n \rangle$ の要素は控えめな有理数であることを示せ．

(2) 0 でない控えめな有理数 a が与えられたとき，
$$S\langle a \rangle = S\langle 2^t \rangle$$
となる 0 以上の整数 t が存在することを示せ．

(3) 控えめな有理数 $a_1, \cdots, a_n$ が与えられたとき，
$$S\langle a_1, \cdots, a_n \rangle = S\langle b \rangle$$
となる控えめな有理数 b が存在することを示せ．

(4) 2016 が属する集合 $S\langle a_1, \cdots, a_n \rangle$ はいくつあるか．ただし，$a_1, \cdots, a_n$ は控えめな有理数であるとし，$a_1, \cdots, a_n$ と $b_1, \cdots, b_n$ が異なっていても，$S\langle a_1, \cdots, a_n \rangle = S\langle b_1, \cdots, b_m \rangle$ であれば，$S\langle a_1, \cdots, a_n \rangle$ と $S\langle b_1, \cdots, b_m \rangle$ は一つの集合として数える．

第 16 章　今後への指針と展望

［**解説**］　H を「控えめな有理数の集合」とする．すなわち

$$H = \left\{ \frac{l}{p} \,\middle|\, p \text{ は奇数，} l \text{ は整数} \right\}$$

と定めておく．簡単に確認できるように，H は'環'である．

(1) この命題はほとんど自明だろうが，一応きちんと示しておこう．

$$S\langle a_1, \cdots, a_n \rangle = \left\{ \sum_{i=1}^{n} x_i a_i \,\middle|\, x_i \in H \right\}$$

$$(\text{ただし，} a_i \in H, \ i = 1, 2, \cdots, n)$$

$a_i = \dfrac{l_i}{p_i}$, $x_i = \dfrac{m_i}{q_i}$　(p_i, q_i は奇数，l_i, m_i は整数) とおくと，

$$\sum_{i=1}^{n} x_i a_i = \sum_{i=1}^{n} \frac{m_i}{q_i} \cdot \frac{l_i}{p_i} = \sum_{i=1}^{n} \frac{l_i m_i}{p_i q_i}$$

ここで，$p_i q_i$ は奇数であるから，$p_q q_q, p_2 q_2, \cdots, p_n q_n$ の最小公倍数も奇数であり，これを P とすると，

$$\sum_{i=1}^{n} \frac{l_i m_i}{p_i q_i} = \frac{L}{P} \quad (P \text{ は奇数，} L \text{ は整数})$$

のように表せる．よって，$\displaystyle\sum_{i=1}^{n} x_i a_i \in H$ となり，題意は示されたことになる．

　〈**注**〉　集合 $S\langle a_1, \cdots, a_n \rangle$ は，'$a_1, \cdots, a_n$ によって生成される H の左イデアル'といい，イデアル論では，ふつう S を取って単に $\langle a_1, \cdots, a_n \rangle$ のように表す．■

(2) この問題では，整数はすべて，$2^m \times (2n+1)$ (m は 0 以上の整数，n は整数) という形で表されるという事実がポイントになる．

　まず，$S\langle a \rangle \subseteq S\langle 2^{t_0} \rangle$ を示す．$a = \dfrac{1}{p}$ (p は奇数，l は整数) とする．整数 l は一般に

$$l = 2^{t_0} \cdot r \quad (t_0 \text{ は 0 以上の整数，} r \text{ は奇数})$$

191

と表され，$2^{t_0} = \dfrac{2^{t_0}}{1}$ だから，これは「控えめな有理数」であり，$\dfrac{r}{p}$ も「控えめな有理数」である．したがって，

$$a = \frac{l}{p} = \frac{2^{t_0} \cdot r}{p} = \frac{r}{p} \cdot 2^{t_0} \in S\langle 2^{t_0} \rangle$$

次に，$S\langle 2^{t_0} \rangle \subseteq S\langle a \rangle$ を示す．$S\langle 2^{t_0} \rangle$ の任意の要素を $x \cdot 2^{t_0}$ $(x \in H)$ とすると，

$$x \cdot 2^{t_0} = x \cdot \frac{p}{r} \cdot \frac{2^{t_0} \cdot r}{p} = \frac{xp}{r} \cdot \frac{l}{p} = \frac{xp}{r} \cdot a$$

であり，r は奇数だから，$\dfrac{xp}{r} \in H$ である．したがって，

$$x \cdot 2^{t_0} \in S\langle a \rangle \qquad \therefore \quad S\langle 2^{t_0} \rangle \subseteq S\langle a \rangle$$

よって，$S\langle a \rangle = S\langle 2^{t_0} \rangle$ が成り立つので，$S\langle a \rangle = S\langle 2^{t} \rangle$ を満たす 0 以上の整数 が存在する．■

(3) $a_i = \dfrac{2^{t_i} \cdot r_i}{p_i}$ $(i = 1, 2, \cdots, n)$ とおく．ただし，p_i, r_i は奇数，t_i は 0 以上の整数である．このとき，

$$0 \leqq t_1 \leqq t_2 \leqq \cdots \leqq t_n \qquad \cdots\cdots ①$$

と仮定しておいても一般性を失わない．

$S\langle a_1, \cdots, a_n \rangle$ の任意の要素を

$$x_1 a_1 + \cdots\cdots + x_n a_n \quad (x_i \in H, \ i = 1, \cdots, n)$$

$$= x_1 \cdot \frac{2^{t_1} r_1}{p_1} + \cdots\cdots + x_n \cdot \frac{2^{t_n} \cdot r_n}{p_n}$$

$$= \left(x_1 \cdot \frac{r_1}{p_1} + \cdots\cdots + x_n \cdot \frac{2^{t_n} \cdot r_n}{p_n} \right) 2^{t_1}$$

とすると，(1)の結果より

$$x_1 \cdot \frac{r_1}{p_1} + \cdots\cdots + x_n \cdot \frac{2^{t_n - t_1}}{p_n} \in H$$

であるから，(2)と同様に考えて，

$$S\langle a_1, \cdots, a_n \rangle \subseteq S\langle 2^{t_1} \rangle$$

逆に，$S\langle 2^{t_1} \rangle$ の任意の要素を $x \cdot 2^{t_1}$ $(x \in H)$ とすると，

$$x \cdot 2^{t_1} = x\left(\frac{p_1}{r_1} \cdot \frac{2^{t_1} \cdot r_1}{p_1}\right) + 0 \cdot a_2 + \cdots\cdots + 0 \cdot a_n$$

$$= \frac{xp_1}{r_1} \cdot a_1 + 0 \cdot a_2 + \cdots\cdots + 0 \cdot a_n$$

とかけ，r_1 が奇数，$0 = \dfrac{0}{1} \in H$ であるから，

$$S\langle 2^{t_1}\rangle \subseteq S\langle a_1, \cdots, a_n\rangle$$

が成り立つ．したがって，$b = 2^{t_1} = \dfrac{2^{t_1}}{1} (\in H)$ とおくと，

$$S\langle a_1, \cdots, a_n\rangle = S\langle b\rangle$$

が成り立ち，題意を満たす控えめな有理 b が存在することが示された．

注 (3) によって，イデアル $S\langle a_1, \cdots, a_n\rangle$ が，H の要素 b のみによって生成される**単項イデアル**であることが示されたことになる．

(4) (2)，(3)の考察により，$2016 \in S\langle b\rangle$ $(b = 2^t)$ となる，b がいくつあるかを考察しておけばよい．

$2016 = 2^5 \cdot 3^2 \cdot 7$ であるから，

$$2016 \in S\langle 2^t\rangle \ (t = 0, 1, 2, 3, 4, 5)$$

である．また，

$$S\langle 2^0\rangle \supset S\langle 2^1\rangle \supset S\langle 2^2\rangle \supset S\langle 2^3\rangle \supset S\langle 2^4\rangle \supset S\langle 2^5\rangle$$

であり，これら6個の'イデアル'はすべて異なる．よって，条件を満たす集合(イデアル)は全部で，6個． ∎

注 要するに，$S\langle 2\rangle$ は'(H の要素)$\times 2$'の形の数の集合であり，$S\langle 2^2\rangle$ は'(H の要素)$\times 2^2$'の形の数の集合である．したがって，$2 \in S\langle 2\rangle$ であるが，$2 \notin S\langle 2^2\rangle$ である．

ともあれ，本問を通して，「イデアル」のほんの一端に触れていただき，整数のさまざまな性質の認識には，不可欠のアイテムになる

のだ，ということを予感していただければと思う．ちなみに，高木
貞治著『代数的整数論』の第2章は「代数体の整数『イデヤル』」，第4
章は「『イデヤル』の類別」というタイトルで，それ以後も「ideal」はさ
まざまなところで顔をのぞかせるのである．

2. Sylow の定理について

「sylow の定理」については，第11章の問題11·3に関連してほん
のわずかだけ触れたが，この定理は素数の絡む有限群論の最も基本
的な定理である．

定理9·7のLagrangeの定理で述べたように，有限群 G の部分
群 H の位数 $|H|$ は，G の位数 $|G|$ の約数であったが，では G の位
数の任意の約数に対して，その約数を位数とする部分群が存在する
かといえば，一般的には必ずしもそうではない．たとえば，交代群
A_4 の位数は12であるが，12の約数である6を位数とする部分群
は存在しない．ところが，$|G|=p^n$（p は素数，$n \in \mathbb{N}$）の形の群（こ
のような群を'p-群'という）については，p^n の約数をもつ部分群
が必ず存在するのである．

ちなみに，n 個の要素の置換全体の集合が作る群を「対称群」（対
称群の位数は $n!$ である）といい，このうち偶置換全体の集合の作る
群を A_n と書いて，これを交代群という．いうまでもなく，交代群
の位数は，$\dfrac{n!}{2}$ であるから，A_4 の位数は $\dfrac{4!}{2}=12$ ということにな
る．偶置換，奇置換については行列式を定義する際にも登場してく
る線形代数学の基本的な概念である．高校生の読者で，このあたり
の知識のない方は，大学1年生向けの「線形代数」の本で調べてみる
とよい．

ともあれ，以下の定理はシロウの定理を担保する重要な命題であ
る．

第 16 章　今後への指針と展望

【定理 16・1】　p が素数で，$p^a||G|$ であるならば，群 G には位数 p^a の部分群が存在する．

この定理を，証明するには，「群の作用」という疑念が必要になる．ちなみに，群の作用は以下のように定義される．すなわち

　G を群，Ω を空でない集合とし，写像 $\varphi : G \to \Omega$ が

　　1.　$x, y \in G$, $p \in \Omega \Rightarrow \varphi(x, \varphi(y, p)) = \varphi(xy, p)$

　　2.　$p \in \Omega \Rightarrow \varphi(1, p) = p$

を満たすとき，これを G の Ω への「左からの作用」という．なお，「右からの作用」は，1.　において左辺の x と y を入れ替えたものとして定義される．

　なんだか厄介そうであるが，群の作用の例をいくつかあげると，

　例 1.　H を群 G の部分群とすれば，

$$H \times G \ni (x, y) \longmapsto xy \in G$$

　　は，群 H の集合 G への左からの作用である．

　例 2.　Ω を空でない集合，G を $S(\Omega)$ （$= \Omega$ 上の対称群）の部分群（これを置換群という）とすれば，

$$G \times \Omega \ni (\sigma, p) \longmapsto \sigma(p) \in \Omega$$

　　は，群 G の集合 Ω への左からの作用である．

　例 3.　H を群 G の部分群とすれば，

$$G \times G/H \ni (x, yH) \longmapsto xyH \in G/H$$

　　は，群 G の集合 G/H への左からの作用である．

といった具合である．

　さらに証明には，「不変群」とか「可遷性（推移的）」といった概念も

195

頭に入れておかなければならず，それは本書の範囲を超えるのでこ
こで詳述することはできない．

最後に，上の定理から導かれる Sylow の有名な定理を以下に 3
つ紹介しておく．

【定理 16·2（Sylow の定理）】

(1) G を群とし，p を素数として，
$$|G| = p^a m, \quad \gcd(p, m) = 1$$
であれば，G は位数 p^a の群を持つ．この部分群を，p-Sylow
部分群という．

(2) 位数が p の冪であるような G の任意の部分群は，G のある p
-Sylow 部分群に含まれる．

(3) G の p-Sylow 部分群の個数は，$kp+1\ (k \in \mathbb{N})$ の形で表さ
れ，かつ，$(kp+1)\,|\,|G|$ である．

ともあれ，こうした定理をきちんと理解するには，かなり突っ込
んで群論と付き合っていくほかはないが，初めは抽象的すぎてよく
理解できないかもしれないが，時間をかけて繰り返し考えていくと
次第にその姿が分かってくるはずである．

3.　指針と展望

本書のねらいと目標は，すでに「まえがき」でも述べておいたが，
数論の初歩的基本的な性質を，抽象代数学のフィルターを通して眺
め直してみることであり，またそのことによって「反省に基づく主
題化」から生まれた現代数学のもっとも基本的な言語である「群・環・
体」を紹介することであった．

今後，さらに勉強を続ける人のために，以下の図式を提示してお
こう．

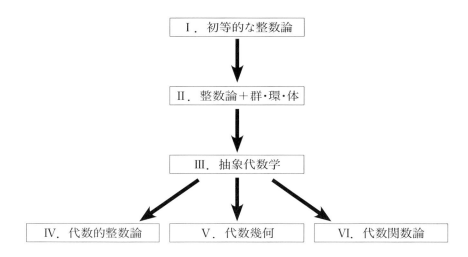

　言うまでもなく，私が，本書で試みたことは，上図のⅠとⅡの解説であり，実はここからが本格的な数学(Ⅲ，Ⅳ，Ⅴ，Ⅵ)になるのである．それぞれの分野についてどのような参考書を読めばよいかは，たとえば本書の参考文献などを参照していただければと思うが，私が知る限りの範囲で，れぞれの分野の古典的な名著を紹介しておくと以下のようになる．

- Ⅲ．ファン・デル・ヴェルデン『現代代数学1～3』(東京図書)
  鈴木通夫『群論・上，下』(岩波書店)

- Ⅳ．高木貞治『代数的整数論』(岩波書店)

- Ⅴ．William Fulton『Algebraic Curves』(The Benjamin)
  小野孝『オイラーの主題による変奏曲』(実教出版)

- Ⅵ．Claude Chevalley『Introduction to the theory of ALGEBRAIC FUNCTIONS of ONE VARIABLE』(American Mathematical Society)
  岩澤健吉『代数函数論』(岩波書店)

　もちろんこれらの本以外にも，現在ではもっと読み易く分かりや

すいものはたくさんあり，教師の助言に従って各自の学習段階に応じて教科書を選べばよい．

かつて，1970年代には「数学教育の現代化」ということが多いに喧伝され，現代数学の表層的な一部分だけが中等教育にも登場し，しかしそれは数学教育を混乱させただけで，70年代も終りになると終息していった．

小平邦彦氏も「数学教育の現代化」ということに反対されていたが，実際，現場にいる教師自身「集合論をベースとする抽象的な現代数学」を教えるという，ほんとうの意味が分かっていなかったのであるから，それも当然であろう．私は，抽象的な現代数学の考え方を「数学そのものの中で教える」という発想が誤りであり，「数学教育の現代化」が失敗した理由もそこにあったのだと思っている．

ごく一部の数学世界の住人は除くとして，その世界の外部の大多数の住人にとって，「抽象的な現代数学の考え方」はそもそも「数学」の中で教えられるべきものではないのである．

では，どこで教えられるべきものなのか？

発達心理学の大家ピアジェ（1896〜1980）は『構造主義』（滝沢武久・佐々木明訳，白水社）という本を書いているが，ピアジェは「現代の構造主義における構造の概念は，現代数学に負うところ大」という地点から議論を開始する．ここで，その議論に深入りすることは出来ないが，ひとことで言えば「抽象代数学」の考え方は，人間の自意識あるいは言葉の齎す「反省による主題化」の中から生まれてきたもので，人間の思考文化の必然だ，というわけである．

人間の思考史（思考の歴史）というものがあれば，「群・環・体」という現代数学の概念は，その大きな一里塚なのである．京大人文科学研究所教授の山下正男氏は1980年に『思想の中の数学的構造』という本を現代数学社から上梓されているが，私は「数学の現代化」というものは，山下氏の書物のような形で，「非数学世界の住人」にこそ「心理学や社会学，あるいは比較思想史」などで講じられるべきものであるように考えている．「数学の現代化」を教える場所を誤ってはならないのである．

ひょっとすれば，と，私は夢想することがある．20年後，30年

後には，中学や高校の国語や社会といった科目で，抽象代数学の考え方が教えられる時代がやってくるかもしれない，と．

　いずれにせよ，本書を通して現代の抽象代数学の「群・環・体」が，人間の思考プロセスの壮大かつ顕著な地層風景であることを実感していただければ，と思っている．

あとがき

　本書の趣旨については，すでに「まえがき」で述べた通りであるが，連載の'おしまい'に私は次のように記している．——「テーマによってはいささか深入りしすぎたところもあり，当初考えていたことの半分も話せなかったというのが本当のところである．しかし，表層的な話は避けたかったのでそれもまた致し方のないことだと，いまは思っている」．確かに，連載当初はイデアル論や Sylow の定理，また平方剰余の相互法則，さらに Rivest, Shamir, Adleman の 3 人によって創始された RSA 暗号にも触れる積りでいたが，内容が内容だけに，それらはもはや「反省に基づく主題化」によって生まれた数学からは逸脱したもの，と連載途中から考えるようになった．なお，平方剰余の相互法則については，拙著『整数の理論と演習』（現代数学社）を参照していただければと愚考する．

　「群・環・体」という概念は，現代数学の基本中の基本で，言うまでもなく幾何や解析方面の数学にも我がもの顔で当然のように登場する．学生時代，筆者は竜沢周雄先生の「代数関数論」を受講したことがある．「代数」とは言え「関数論なのだから，留数定理あたりから入るのかな」と思って初めての講義に出席したところ，まず「加群，環，体」の確認から始まり引き続き「付値 (valuation)」の定義を話された．当時竜沢先生はかなりの御高齢で，にも拘わらず毎回実に楽しそうに講義をされたが，具体的な「関数」はまったく登場せず（と私には思われた），その内容はすべて「抽象代数」であった．

　いまから 35 年以上前の話であるが，私はそのときあらためて「抽象代数学」の重要性を思い知った．いまも当時の講義ノートは手元にあるが，後期試験は「有理関数体における留数定理」とメモしてある．「留数定理」は，初めではなく最後に抽象的な姿で登場してきたのである．ともあれ，

本書を通して「群・環・体」にはじまる抽象代数学が現代数学ではいかに大切かをほんのわずかでも感じて頂ければ幸いである．

　なお，連載中一松信先生から御手紙を頂戴し「ベルトラン・チェビシェフの定理」のエルデシュによる証明をご教示頂いた．ここにあらためて感謝申し上げます．また，いつものことながら，富田淳氏にはいろいろとご面倒をお掛けし，並々ならぬ御世話になりました．深甚の謝意を表するものです．

2017 年 4 月　　　　河田直樹

参考文献

『Elementary Number Theory』David M.Burton 著，McGraw-Hill

『群論・上』 鈴木通夫著，岩波書店

『群論入門』 アレクサンドロフ著・宮本敏雄訳，東京図書

『現代数学の基礎―群論概説―』 横山雄一著，昭晃堂

『構造主義』 ジャン・ピアジェ著・滝沢武久，佐々木明訳 白水社

『思想の中の数学的構造』 山下正男著，ちくま学芸文庫

『数論。』 河田敬義著，岩波書店

『数論における未解決問題集』 "Richard K,Guy 著・一松信監訳" Springer-
Verlag

『数論入門』 山本芳彦著，岩波書店

『精神発生と科学史』 ジャン・ピアジェ，ロランド・ガルシア著，新評論

『整数の理論と演習』 河田直樹著，現代数学社

『整数論入門』 片山孝次著，実況出版

『素数大百科』 ChrisK.Caldwell 編著・SOJIN 編訳，共立出版

『素数入門』 芹沢正三著，講談社

『代数系入門』 松阪和夫著，岩波書店

『有限群論入門』 森光弥著，実教出版

索 引

■A〜Z

Abel 群　50

Gauss　34

Larange　32

Leipniz　32

■あ行

アンドリュー・ワイルズ　1

アンリ・ポアンカレ　4

位数　50, 78

1 対 1 写像　85

ウィルソン数　31

ウィルソンの定理　33, 38

上への写像　85

エラトステネス　25

エラトステネスの篩　24

オイラーの定理　71

■か行

カーマイケル数　146

可換　124

可換環　52

可換群　50

核　86

加群　50

過剰数　7

加法群　50

環（Ring）　46, 52

完全数　7

完全代表系　57

既約剰余類群　70

グリゴリー・ペレルマン　2

群　46

ゴールドバッハの予想問題　8

合成数　6, 34

■さ行

自然写像　114, 123

自然準同型写像　126

シナの剰余定理　83

写像　85

ジャン・ピアジェ　46

巡回群（cyclic group）　103, 109

準同型写像　86

準同型定理　122

商集合　36, 57

乗法群　50

剰余環　45

剰余類　56

シロー　139

推移律　35

図式　124

整域　68

正規部分群　115

生成系　108

生成元（generator）　103, 109

絶対偽素数　146

零因子　65

204

零元　52

全単射　85

全射　85

素因数分解　7

素数　6

■た行

体　46, 62

対称律　35

代表元　56

単位群　106

単元　62

単射　85

単純群　115

直積　82

ディリクレ　138

ディリクレの素数定理　11

同型　82

同値関係　35

同型写像　86

同値類　57

■は行

反射律　35

左剰余類　110

ピタゴラス数　132

フェルマー数　28

フェルマー・テスト　144

フェルマーの最終定理　1

フェルマーの小定理　77

フェルマー予想　1

不合格認証底　144

不足数　7

部分群（subgroup）　105

ポアンカレ予想　2

■ま行

マイケル・ポランニー　58

右剰余類　110

無限巡回群　109

■や行

ユークリッド　28

ユークリッド数　31

有限群　50

有限生成群　108

4つ組素数　12

■ら行

ラグランジュの定理　104

離散対数　186

（両側）イデアル　57

レピュニット数　38

ロランド・ガルシア　46

205

著者紹介:

河田 直樹（かわた・なおき）

1953 年山口県生まれ．福島県立医科大学中退．東京理科大学理学部数学科卒業．
同大学理学専攻科修了，予備校講師，数理哲学研究家．

主な著書:

『世界を解く数学』（河出書房新社）

『数学的思考の本質』（PHP 研究所）

『高校数学体系定理・公式の例解事典』，『算数・数学まるごと入門』，『数学コミュ
ニケーション』，『式と曲線の解法研究』，『論証問題の解法研究』，『空間幾何の
解法研究』，『複素数の解法研究』，『場合の数・確率の解法研究』，『整数問題の
解法研究』（聖文新社）

『優雅な $e^{i\pi} = -1$ への旅』，『古代ギリシアの数理哲学への旅』，『整数の理論と
演習』，『大数学者の数学・ライプニッツ／普遍数学への旅』，『無限と連続』（現
代数学社）

整数と群・環・体
──素数と数の認識論

検印省略	2017 年 5 月 20 日　　　初版 1 刷発行

2017 年 5 月 20 日　　　初版 1 刷発行

著　者　　河田直樹
発行者　　富田　淳
発行所　　株式会社　現代数学社
〒606-8425 京都市左京区鹿ヶ谷西寺ノ前町 1
TEL 075 (751) 0727　　FAX 075 (744) 0906
http://www.gensu.co.jp/

印刷・製本　　亜細亜印刷株式会社

装　丁　Espace／espace3@me.com

Ⓒ Naoki Kawata, 2017
Printed in Japan

落丁・乱丁はお取替え致します．

ISBN978-4-7687-0467-7